心理咨询师
必备的10项技能

王雪梅　著

机械工业出版社
CHINA MACHINE PRESS

本书面对当前新手心理咨询师在心理咨询中还需要实战训练的需求，为心理咨询师提供了能在咨询中融合多种心理学派理论并将其应用的方法。本书是定位于心理咨询师成长的工具书，说明了心理咨询师从新手到成为执业心理咨询师需要提升的 10 项核心心理咨询能力，并阐明了每项核心能力的训练途径，主要包括理论要点、咨询应用、能力训练、案例解析四个部分。其中，理论要点部分主要整理出每项核心能力涉及的心理学相关理论或知识要点，便于新手心理咨询师搭建基本知识架构及学习具体的理论知识。咨询应用部分着重说明每项核心能力在心理咨询过程中的实战应用技巧及咨询中突发状况的灵活应对策略，适当引入大师级心理咨询师在咨询中的实践应用。能力训练部分主要设计适合心理咨询师进行专项技能提升的训练方法，包含自我模拟练习、咨询对话练习、角色扮演任务、逐字稿解析等方法帮助心理咨询师提升此部分的能力。案例解析部分通过具体的心理咨询中的对话过程的逐字稿进行解析，说明此项能力在心理咨询中是如何呈现的。

图书在版编目（CIP）数据

心理咨询师必备的10项技能 / 王雪梅著. -- 北京：
机械工业出版社，2025. 2. -- ISBN 978-7-111-77683-3

Ⅰ. B849.1

中国国家版本馆CIP数据核字第2025A4A468号

机械工业出版社（北京市百万庄大街22号　邮政编码100037）
策划编辑：坚喜斌　　　　　　责任编辑：坚喜斌　陈　洁
责任校对：曹若菲　宋　安　　责任印制：刘　媛
唐山楠萍印务有限公司印刷
2025年4月第1版第1次印刷
170mm×240mm·15印张·1插页·218千字
标准书号：ISBN 978-7-111-77683-3
定价：75.00元

电话服务　　　　　　　　　网络服务
客服电话：010-88361066　　机　工　官　网：www.cmpbook.com
　　　　　010-88379833　　机　工　官　博：weibo.com/cmp1952
　　　　　010-68326294　　金　书　网：www.golden-book.com
封底无防伪标均为盗版　　机工教育服务网：www.cmpedu.com

序 言

　　自 2009 年从业以来，我会不停地追问和思考，心理咨询到底如何助人，又是如何能更彻底地助人？从新手到执业的过程中，我需要经过怎样的专业训练？作为一个转行学习心理学的成年人，我更为看重的就是应用能力。因此，在刚学心理学时，我将能接触到的心理流派统统学了一遍，此时的学习仅仅是一个初始的认知过程，当然也投入了大量的学费。在学习的过程中，我发现仅仅依靠短暂的几天培训课程，很难深入了解相关知识。在懵懵懂懂中，我开始跟随自己在心理学领域的启蒙老师曾力军学习如何做咨询，开启了我的心理咨询实习之路。在这个过程中，曾老师带着我一句一句地打磨咨询中的对话，一点一点地觉察共情的表达，同时也会带着我不断地做自我成长和疗愈。

　　曾经的我，生活中充满了"应该""必须"和"不得不"，眼中看到的都是"事"，根本关注不到人，压抑着情绪和感受，似乎自己一直在做正确的事，努力活出正确的人生。直至有一天，一起参加训练的伙伴说："雪梅姐，你今天像个人了。"我知道，这代表着我能理解对面的人了，不再以自我为中心了。经过这个实习过程，我才真正对心理咨询有感觉。助人是希望对方成长得更好，并不是在彰显我自己有多厉害。在咨询过程中，更好地放空，更好地无我，我才有可能更清晰地看到来访者，感受来访者，理解与接纳来访者。

因此，在后续的心理咨询实践中，我秉持着不挑来访者、不挑话题、不给自己事先设定局限的心态，让自己单纯地在每一次心理咨询的过程中去体验、去感受、去反思、去成长。当然，这其中一定有效果不佳的个案咨询，也会有让我很崩溃的个案，正是通过这磕磕绊绊的成长，对于心理咨询的认识和心理咨询师的成长，我有了一些思考和积累。所以，这是一本关于心理咨询实践的书，是我对自己 14 年心理咨询实践的提炼和总结，是在实践中积累的智慧，是新手心理咨询师从爱好到执业过程中关于心理咨询能力培养的一点心得。

本书分为十三章，从心理咨询师的自我评估开始，逐步深入到核心能力的培养，再细化为十个具体的核心能力训练模块。每一章都围绕一个核心技能展开，通过理论要点、案例解析、能力训练等多种方式，帮助新手咨询师全面掌握并灵活运用这些技能。

在"心理咨询师的自我评估"一章中，我将探讨如何正确认识自我，了解自己的优势与不足，为后续的专业成长奠定坚实的基础。紧接着，在"心理咨询师核心能力培养"一章中，我将勾勒出一条清晰的能力提升路径，为读者指明前进的方向。

随后的十章是本书的核心内容。从"保持心理咨询师的职业标准与伦理"到"将多种心理学派自我融合后的应用"，我逐一解析了心理咨询师必备的 10 项技能。这些技能涵盖了咨询关系的建立、非语言行为的解读、倾听与影响技术的运用、咨询目标的设定与调整、资源探索与改变促成等多个方面，是心理咨询师在实际工作中不可或缺的工具。

值得一提的是，本书还特别设置了"心理咨询实战个案的微观解析"一章。通过对真实咨询案例的深入剖析，我不仅展示了各项技能在实战中的应用场景，还揭示了咨询过程中可能出现的挑战与应对策略。这一章旨在帮助读者将理论与实践相结合，提高解决实际问题的能力。

　　本书是集理论性、实践性、指导性于一体的专业书籍。它不仅为心理咨询师提供了一套全面而系统的能力训练方案，更为他们指明了职业成长的方向与路径。我相信，通过本书的学习与实践，每一位读者都能在心理咨询的道路上勇敢向前，成为更多人心中的灯塔守护者。

　　在成书的过程中，我要感谢我的一位朋友张硕先生，没有他的鼓励和支持，我可能还不会开始自己的创作，依然停留在梦想阶段。同时，我要感谢我的家人，感谢他们的包容和鼓励，在我创作的过程中给予我无条件的支持！

　　今天是我的截稿日，也是我儿子高中报道的日子，真是一个值得纪念的好日子。

王雪梅

目 录

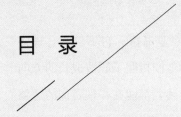

第一章

心理咨询师的自我评估

第一节　心理咨询师的入行准备

心理咨询师是助人的职业，承担着帮助他人寻找内心平和及解决心理难题的责任。然而，要成为一名合格的心理咨询师，不仅需要扎实的专业知识和技能，还需具备一系列的入行准备，单凭一腔热血的助人之心难以走得更远。

一、新手心理咨询师面临的问题

目前大众对于心理咨询行业的认知和了解有所改善，但仍存在着一些误解，还不足以做到熟知，因此，在打算踏入心理咨询这个行业前，心理咨询师要做好必要的心理准备。一般而言，新手心理咨询师会被询问以下这些问题：

1. 心理咨询师听到的都是负面信息，就是情绪的垃圾桶，时间长了怎么受得了，会不会也出现心理问题？
2. 心理咨询研究的是不是都是心理变态的人？
3. 离她远点儿，千万别和她聊天，她是做心理咨询的，你想什么她都能知道？

4. 你是做心理咨询的，关于我家孩子／朋友／亲戚的情况，你可否告诉我一些方法，我去帮他解决？

5. 心理咨询是不是没什么用，就是和你聊聊天，也不告诉你具体怎么做，所以就不用去做心理咨询了？

6. 关于我目前的情况，你是心理咨询师，你觉得做几次咨询可以完全好？

假如你是心理咨询师，面对这些问题，你会怎样回应呢？或者说，面对这样的问题和表达，会引发你怎样的思考呢？心理咨询师到底是怎样的一个职业呢？在选择这份职业之前，你需要做哪些准备呢？或者说，在即将踏入心理咨询这个行业，你想成为怎样的心理咨询师？

二、心理咨询师入行前要思考的问题

当一个人立志成为心理咨询师，他便踏上了一段不仅关乎他人，更关乎自我的旅程。在正式入行前，每位未来的心理咨询师都必须进行深刻的自我思考与觉察，确保自己能够在专业领域中稳健前行，同时为来访者提供最真挚、最具效果的支持与帮助。以下便是未来心理咨询师在入行前需要深入思考的问题和自我觉察的内容。

入行前要思考的问题如下：

（1）职业动机　为什么要成为心理咨询师？动机是所有事业成功的基石，而对于心理咨询工作尤其如此。这份工作要求从业者投入大量情感、精力和专业知识，因此必须有一个坚定的内在驱动力。这份动力可能源自对心理学的深沉热爱，对于解开人类心灵之谜的无限好奇，也可能源自一种强烈的使命感，想要帮助那些正遭受心理困境的人们找到出路，让他们重新找回生活的色彩。无论选择做心理咨询工作的动机是什么，它都必须是真诚而持久的。因为这份职业要求从业者不仅要有专业的知识和技能，更要有对他人的关怀和尊重，以及对自己工作的热爱和执着。只有这样，心理咨询师才能在这条充满挑战和机遇的道路上走得更远，为更多的人带去希望和光明。

（2）心理健康状态　心理咨询师必须进行自我心理健康状态的深度审视，健全且稳定的心理状态才是咨询工作中不可或缺的灵魂支柱。心理咨询师不仅要洞悉他人内心的波涛汹涌，更要能调控自己的情绪海洋。因此，他们必须深思自己是否已妥善处理了内心的伤痕与困扰，是否构建了稳固的情感支撑体系和成熟的督导体系。只有在稳固的心理状态下，心理咨询师才能为来访者提供最专业的心理支持。

（3）个人成长　对于心理咨询师来说，个人成长是职业生涯中不可或缺的一部分，它让心理咨询师能更深入地理解人性，更有力地支持那些寻求心理咨询师帮助的人。个人成长意味着心理咨询师要不断地反思和审视自己的行为和思考模式。在这个过程中，心理咨询师可能会遇到自己的盲点或者未解决的问题。面对这些挑战，勇敢地正视它们并采取行动是至关重要的。这种自我洞察能力是成为心理咨询师的基石。

（4）专业知识与技能　是否具备必要的心理学知识和咨询技能？如果没有，应该如何获取这些知识和技能？是否准备好投入时间和精力去学习和实践？心理咨询师要有终身学习的心态，持续更新知识，参加培训和专业发展活动，从而确保自己的心理咨询工作始终基于最新的科学证据。

（5）行业现状　对心理咨询行业的现状和未来发展有何了解？是否准备好面对行业中可能存在的挑战和困难？

（6）伦理与法律　是否了解心理咨询行业的伦理规范和相关法律法规？是否能遵守这些规范和法律？

（7）经济考量　是否准备好在职业初期可能面临的经济压力？心理咨询可能不是一个短期内就能获得高收入的职业。

三、执业心理咨询师自我觉察的六个维度

除了要思考这些入行前的问题，一名合格的执业心理咨询师还需要进行

深度的自我觉察。具体包括以下六个维度：

（1）价值观与信念　了解自己的价值观和信念，会直接影响心理咨询师与来访者的关系和咨询的效果。

（2）情感状态　心理咨询师要识别和管理自己的情感，特别是在面对来访者的痛苦和挑战时，要平衡好专业性和同理心。

（3）自我意识　心理咨询师要认识到自己的局限性和偏见，避免将个人问题带入咨询过程中。

（4）职业角色　心理咨询师要明确自己的职业角色和边界，保持与来访者的专业关系，避免过度涉入来访者的生活。

（5）压力管理　心理咨询师要学会应对工作中的压力和挑战，保持良好的自我照顾习惯，防止职业倦怠。

（6）持续学习　心理咨询师要保持对新知识和技能的好奇心和学习欲望，不断更新自己的专业知识和咨询技能。

通过深入思考这些问题并进行自我觉察，心理咨询师可以更好地做好准备，不仅为自己的职业发展打下坚实的基础，也能为来访者提供更高质量的服务。

第二节　新手咨询师的成长路径

一、从新手到专业成熟的四个阶段

作为刚刚入行的新手心理咨询师到成为专业成熟的心理咨询师通常包含四个阶段。

1. 专业学习阶段

在这个阶段，初学者需要学习大量的专业理论，并开始考取相关的心理咨询师资格证书和接受正规的心理学训练。在实习过程中，初学者开始接触模拟来访者。面对众多信息和任务，他们可能会感到自我怀疑，缺乏自信，害怕无法有效帮助来访者，或者对过程中的失误感到愧疚。这是一个充满挑战的时期，但也是建立基础的重要阶段。

2. 实践探索阶段

在累积了一定的理论知识和技能后，心理咨询师开始尝试接触真实的来访者，将这些应用在实际的咨询工作中。在此阶段，心理咨询师会有强烈的热心助人状态，希望自己能切实帮助到来访者，此时的主要问题是分不清同情与共情，并且在帮助他人时往往有较大的情感投入。这是他们不断试错和学习的过程，也是逐渐形成自己独特咨询风格和方法的阶段。

3. 深化提高阶段

经过一段时间的实践经验积累，心理咨询师开始寻求更深层次的专业发展。在此阶段，心理咨询的技能与自我特质的融合更加深入，这可以使心理咨询师对心理咨询的各项技能有更深刻的理解。此外，心理咨询师对于心理咨询的伦理要求更为遵守，与来访者的边界感开始建立。他们在咨询中会更关注如何引发来访者自我内在资源和潜力的作用，而不是沉迷自我心理技能的发挥。

4. 成熟稳定阶段

在经历了前几个阶段的学习和成长后，经验丰富的心理咨询师逐渐进入职业生涯的成熟期。他们在这个阶段能够更加自信地处理复杂的案例，将自己学习的多个心理学派的知识进行融合，逐渐形成个人咨询风格，同时也能为行业培养新的力量，如担任督导师或进行教学工作。

二、探索影响你的心理咨询的个人领域

《心理咨询师的问诊策略（第 6 版）》一书设计了这个自我探索活动，目的是帮助新手心理咨询师探索那些会以某种方式影响心理咨询工作的自身因素。这些探索没有标准答案，答案就是你在现实咨询中的真实反应。请思考下列问题。

1. 为什么你对心理咨询或帮助他人的职业感兴趣？

2. 在成长过程中，你在家庭中的角色是什么？它对你加入心理咨询行业有什么影响？

3. 作为一个人，你是谁？

4. 在你进入心理咨询行业时，你有什么样的创伤或尚未解决的心事？

5. 你以什么方式在治疗这些创伤？

6. 你注意到或者你认为与来访者接触的工作将会触动你吗？

7. 你真的相信自己需要成为一名心理咨询师，或者自己就要成为一名心理咨询师？

8. 你同哪个人之间还有没了结的事情？

9. 当你陷入冲突、面临质问和被他人评价时，你如何处理？在这些情况下，你采取什么样的防御机制？

10. 反复或长期困扰你的问题是什么？这些问题会怎样影响你的心理咨询工作？

11. 你一直不喜欢别人身上的什么品质？你在自己身上是否也发现了同样的品质，并承认这些品质也是你的一部分？

02

第二章

心理咨询师核心能力培养

　　心理咨询师的咨询状态会贯穿整个心理咨询过程。在心理咨询中，心理咨询师和来访者要有适度的距离，心理咨询师也要守好自己的边界。距离来访者太远，来访者感觉你是高高在上的专家，理性但不够温暖，可能共情不足。心理咨询师对来访者太热情，距离太近，就容易把来访者的事情太当回事，可能就参与到来访者的人生中，同时也会帮助来访者承担了责任。这样，来访者能否改变和成长的主要责任人就变成了心理咨询师。距离太近的背后就是心理咨询师不相信来访者自己有能力去解决其人生问题。

　　要想成为合格的执业心理咨询师，你需要在心理咨询学习和实战训练中培养自己的核心能力。经过 14 年的咨询实践和探索，个人觉得如下 10 项核心能力是新手咨询师需要专项培养的。本书将在后续章节中对每项核心能力的理论要点、咨询应用、能力训练三个维度进行详细阐述，助力心理咨询师走向执业之路。

　　具体章节要点如下：

核心能力训练 1：保持心理咨询师的职业标准与伦理

　　心理咨询作为一种专业的心理助人形式，在现代社会中扮演着越来越重要的角色。心理咨询师不仅要具备扎实的专业知识和技能，更应严格遵守职业标准与伦理准则，以便保障咨询过程的安全性、有效性以及咨询关系的专业性和正当性。本章内容主要从心理咨询的职业标准和伦理准则引导新手咨询师学习基本的行业要求。另外，对于心理咨询师在实际咨询中可能面临的诸多挑战，本章也提供了专业的应对建议。最后对于心理咨询中最危急的情况——自杀风险的状况下，本章也给出了专业的建议和实战咨询案例，便于新手心理咨询师学习和了解。

核心能力训练 2：快速建立有效的咨询关系

心理咨询中建立有效的咨询关系是至关重要的，它直接影响到咨询过程的成败和效果。本章将重点归纳和讨论在心理咨询中迅速构建并维持一个有效的咨询关系的核心要素与实践策略。在咨询实战中，心理咨询师的无条件积极关注、积极倾听、共情能力、真诚的态度等都是新手心理咨询师训练的重点。

核心能力训练 3：警觉来访者的非语言行为

在心理咨询的过程中，非语言行为是理解来访者情感和态度的重要途径。非语言行为包括肢体动作、面部表情、目光交流、空间距离等，这些行为无声地传达着丰富的信息。心理咨询师通过对非语言行为的观察与分析，能够更加深入地理解来访者的真实感受，从而建立信任关系，提高咨询效果。本章中重点论述了非语言行为的理论要点及在咨询中的应用，此外还详细介绍了非语言行为的观察维度。心理咨询师不仅需要掌握相关理论，还需要通过实践不断提高对非语言行为的敏感度和解读能力，以便更好地服务于来访者。

核心能力训练 4：触达来访者内在需要的倾听技术

心理咨询是建立在深厚的人际交往基础上的专业活动，倾听作为其核心能力之一，不仅仅是简单的听，更是一种深入、全身心的沟通与理解过程。有效的倾听能够帮助心理咨询师触达来访者的内在需要，建立深厚的信任关系，并引导来访者进行自我探索和成长。本章重点介绍了四种倾听技术及其训练。倾听是心理咨询中一项不可替代的基本技能，它要求心理咨询师投入充分的注意力和情感资源去理解和接纳来访者的内心世界。通过精确倾听和情绪倾听，心理咨询师能够帮助来访者找到问题的根源，激发他们内心的力量，促进他们的自我成长和改变。倾听技术的应用，不仅体现了咨询师的专业素养，也是对来访者深深的尊重和关怀。通过倾听，心理咨询师与来访者共同探索心灵的深处，为建立健康的个体和社会关系打下坚实的基础。

核心能力训练 5：梳理来访者的咨询期待与目标

在心理咨询的实践过程中，明确、具体且可操作的咨询目标是影响咨询效果的关键因素之一。它不仅是咨询的指南针，也是双方共同努力的方向，更是评估咨询效果的重要标准。本章内容将围绕如何梳理和实现来访者的咨询目标进行探讨，包括理论要点、咨询应用和实践策略。其中，关于咨询实践中识别和界定咨询目标的步骤尤为重要，新手心理咨询师要明确知晓来访者的咨询目标不等于人生目标，而是来访者在本次心理咨询中期待达成的目标。因此，设定咨询目标的策略也是新手咨询师需要重点学习的内容。

核心能力训练 6：引发来访者深度反思的影响技术

在心理咨询和心理治疗的实践中，六大影响技术——提问、解释、提供信息、即时化、自我暴露和面质——被视为促进来访者改变和提升治疗效果的关键工具。这些技术的应用不仅来自于多种心理学理论的综合影响，也形成于心理咨询和治疗的长期实践。它们不仅在不同的理论中得到应用，而且在实际操作中也显示出个性化和针对性的特点，增强了咨询的有效性。通过这些技术，心理咨询师可以帮助来访者在多个层面上实现自我探索、认知和行为的改变，提升人际交往能力，解决潜意识冲突，支持个体的整体成长和发展。本章重点介绍了六大影响技术的实践要点及能力训练，是新手心理咨询师迅速提升技能的重要途径。

核心能力训练 7：心理咨询过程中的资源探索

在心理咨询的过程中，资源探索是一个至关重要的环节。它不仅是心理咨询的核心组成部分，更是帮助来访者发现自身内在力量和优势，应对生活挑战的重要手段。本章论述了认知行为理论（CBT）、人本主义理论、后现代心理学等多个学派在资源探索方面的理论要点和实践价值。尤其是在心理咨询的实践中，我们经常会遇到来访者带来各种负性信息的情况。这些负性信息可能表现为情绪困扰、负面自我评价、生活压力、行为的退缩或态度的消极等。作为心理咨询师，我们的任务不仅在于倾听和理解这些负性信息，更在于从中寻找到资源，帮助来访者走出困境，实现自我成长。本章对如何在咨询实践中做到探索来访者的资源更是做了详细的解读。

核心能力训练 8：促使改变发生

心理咨询是一个复杂而深刻的过程，旨在帮助来访者实现个人成长和积极改变。在这个过程中，心理咨询师扮演着至关重要的角色。他们不仅要建立与来访者之间的信任关系，还要运用专业的技巧和理论知识促使来访者发生积极的变化。本章着重探讨心理咨询中促使改变发生的多个方面，以及如何有效促进这一转变。

核心能力训练 9：咨询过程中心理咨询师的自我觉察与搁置己见

自我觉察与搁置己见是心理咨询师在实战咨询过程中的核心能力，它们对于建立良好的咨询关系、促进来访者的自我探索和成长具有重要意义。本章主要介绍了自我觉察和自我搁置的重要性。在心理咨询的复杂过程中，自我觉察帮助心理咨询师识别和应对自身的反移情和移情现象，而搁置己见则要求心理咨询师保持开放的态度，尊重来访者的主观体验。这些技能有助于心理咨询师为来访者提供更高质量的咨询服务，同时促进咨询目标的实现。在实战咨询过程中，心理咨询师需要通过情感共鸣识别训练、自我经历关联反思训练、界限意识检查训练、专业中立维护训练和移情现象评估训练等方式，不断提升自我觉察与搁置己见的能力。

核心能力训练 10：将多种心理学派自我融合后的应用

心理咨询作为一门涉及人类心灵深处的学科，随着时间的推移和实践的丰富，已从单一的理论演变为多学派融合的综合体系。心理咨询师的工作不仅仅是应用一种固定的心理咨询学派的相关理论，更重要的是整合不同的理论和技术，以便更加全面和深入地理解和帮助来访者。本章主要介绍了理论层面、技术层面的融合，以及个性化的整合，并提出了心理咨询师成长的必要的关于情绪深层内观的训练方法，有助于新手心理咨询师迅速成长起来。

从初识心理咨询的新手心理咨询师，到能够提供专业援助的合格心理咨询师，再到备受信赖的优秀从业者，这一过程并非易事，而是一段需要不断学习、实践与自我提升的漫长旅程。因此，本着助人自助的原则，期待每位新手心理咨询师都能踏踏实实地进行技能训练，真正助力到大众的心理健康。

03

第三章

核心能力训练 1：
保持心理咨询师的职业标准与伦理

第一节 理论要点

在现代社会，随着人们生活节奏的加快和压力的增大，心理健康问题日益凸显，心理咨询作为一种专业的心理助人形式，越来越受到公众的关注和信赖。作为这一职业的核心代表，心理咨询师不仅需要具备扎实的专业知识和技能，更应严格遵守职业标准与伦理准则，以保障咨询过程的安全性、有效性以及咨询关系的专业性和正当性。

首先，心理咨询师的职业标准体现在其资质认证上。一个合格的心理咨询师通常需要经过系统的专业培训，并通过相应的资格认证考试。这些认证通常由权威的专业机构授予，旨在确保心理咨询师具备必要的心理学知识、咨询技巧和实践能力。在 2018 年以前，想要成为合格的心理咨询师，必须通过国家认定的"心理咨询师执业资格认证考试"。目前，中国心理咨询师执业资格认证考试的政策正在发生一些变化。新政策的出台将对心理咨询师职业发展产生重大影响，不仅会对心理咨询师的能力提升、培养体系完善、登记注册及执业等方面产生深远影响，也会对广大心理咨询师关切的痛点问题提供解决方案。

其次，心理咨询师的伦理准则是规范其行为的重要原则。《中国心理学会临床与咨询心理学工作伦理守则》等文件详细列出了心理咨询师在实践中应当遵循的行为规范。

《中国心理学会临床与咨询心理学工作伦理守则》是中国心理学会对注册心理师的专业伦理规范的明确规定。这份守则包括：总则，专业关系，知情同意，隐私权与保密性，专业胜任力和专业责任，心理测量与评估，教学、培训和督导，研究和发表，远程专业工作（网络／电话咨询），媒体沟通与合作，伦理问题处理，等等。

在总则中，它规定了心理咨询师在工作中应尽到善行、责任、诚信和公正四个基本职责。

- 善行：要求心理咨询师的工作是使寻求专业服务者从其专业服务中获益，并努力避免伤害。
- 责任：强调心理咨询师在工作中应保持其服务的专业水准，认清自己的专业、伦理及法律责任，维护专业信誉，并承担相应的社会责任。
- 诚信：要求心理咨询师在工作中应做到诚实守信，在临床实践、研究及发表、教学工作以及各类媒体的宣传推广中保持真实性。
- 公正：心理咨询师应公平、公正地对待自己的专业工作及其他人员，采取谨慎的态度防止自己潜在的偏见、能力局限、技术限制等导致的不适当行为。

此外，这份守则也是处理有关临床与咨询心理学专业伦理投诉的工作基础和主要依据。

这些规范包括但不限于保护客户隐私、避免双重关系、保持客观中立、尊重客户的自主权等。这些伦理准则不仅是对心理咨询师个人道德的要求，更是对整个心理咨询行业公信力的维护。

具体而言，保护客户隐私要求心理咨询师在任何情况下都不能未经客户同意向第三方透露客户的个人信息及其咨询内容。避免双重关系则是为了防止心理咨询师与客户发展出超出咨询关系的私人关系，从而影响咨询的客观性和专业性。保持客观中立意味着心理咨询师在咨询过程中不应带有个人的偏见和价值观，而应该从客户的角度出发，为其提供最适合的专业意见和帮助。

除了以上提到的基本准则，心理咨询师在实际工作中还应当遵守诸多细节性的规范，如合理收费、不进行虚假宣传、不断更新知识和技能等。这些规范的遵守有助于构建一个更加健康和谐的心理咨询环境，提升服务质量，赢得客户和社会的信任。

最后，《中华人民共和国精神卫生法》（以下简称《精神卫生法》）的出台和实施，为心理咨询行业提供了法律保障和规范，使其更加健康、有序地发展。

第一，《精神卫生法》明确了心理咨询的法律地位。在过去，心理咨询作为一种新兴行业，其法律地位尚不明确，导致行业发展受到了一定程度的制约。而《精神卫生法》的实施，将心理咨询纳入了法律框架，明确了其在心理卫生工作中的重要地位。这有助于提高社会对心理咨询的认可度，为心理咨询行业的发展创造了良好的环境。

第二，《精神卫生法》规定心理咨询师的资格和职责。《精神卫生法》中明确规定了心理咨询师的任职资格和培训要求，确保了心理咨询师的专业素质。同时，法律还规定了心理咨询师的职责，要求其在咨询过程中尊重来访者的人格尊严，保护来访者的隐私权，为来访者提供科学、有效的心理咨询服务。这有助于规范心理咨询师的行为，提高心理咨询的服务质量。

第三，《精神卫生法》强调了心理咨询的伦理原则。伦理原则是心理咨询行业的基石，关系到心理咨询的效果和信誉。《精神卫生法》明确规定了心理咨询应遵循的伦理原则，如自愿原则、保密原则、利益最大化原则等，要求心理咨询师在实践中严格遵守这些原则，确保心理咨询的公正性、有效性和安全性。

第四，《精神卫生法》还关注了心理咨询的服务范围和形式。法律规定，心理咨询不仅包括面对面的咨询服务，还可以采取电话、网络等形式进行。这拓宽了心理咨询的服务渠道，使更多的人能够享受到心理咨询的便利。同时，《精神卫生法》还鼓励心理咨询师参与心理健康教育和宣传活动，提高公众的心理健康意识，预防心理问题的产生。

第五，《精神卫生法》对心理咨询行业的监管提出了明确的要求。法律明确了政府、行业协会和社会各方在心理咨询行业中的监管责任，要求各方共同努力，加强对心理咨询行业的监管，维护心理咨询市场的秩序。这有助于净化心理咨询市场，保障来访者的合法权益，促进心理咨询行业的健康发展。

总之，《精神卫生法》对心理咨询的指导意义主要体现在明确法律地位、规定任职资格、强调伦理原则、关注服务范围和形式以及加强行业监管等方面。这些规定为心理咨询行业的发展提供了有力的法律支持，有助于提高心理咨询的社会地位和服务质量，为广大需要心理帮助的人群提供更好的服务。

综上所述，心理咨询师的职业标准与伦理准则是其专业身份的体现，更是对客户负责、对社会负责的承诺。在不断变化的心理咨询领域，心理咨询师必须不断地自我完善，提高自身素养，从而确保能够为需要帮助的人们提供最优质的心理服务，促进个体及社会的整体健康发展。

第二节　咨询应用

然而，尽管有明确的职业标准与伦理准则作为指导，心理咨询师在实际工作中仍可能面临种种挑战和诱惑。因此，持续的自我监督、反思以及同行之间的互相监督和支持变得尤为重要。那么，在现实咨询中，心理咨询师应该如何应对涉及职业标准与伦理的情况更为妥帖呢？

情况一：面对有自杀倾向的来访者，对方要求心理咨询师给予保密，不能告诉他人，也不能报警。

心理咨询师的应对建议：

心理咨询师在首次咨询开始之初，在建立咨询关系的环节，养成为来访者先介绍保密原则和保密例外原则的习惯，为后续可能出现的危机情况做好铺垫。避免在来访者谈及自杀、自伤或者伤害他人的情况后，再阐明保密例外原则。即使在心理咨询师已经介绍保密例外原则后，在咨询过程中，来访者谈及自杀、自伤或伤害他人的情况，也会出现再次要求心理咨询师保密的情况，此时是最为考验心理咨询师的时候。有些新手心理咨询师会觉得此时如果不答应来访者的保密要求，就会破坏咨询关系；如果答应了，心理咨询师自己便会陷入风险和两难境地；如果表面答应，事后又按保密例外执行，内心会觉得是欺骗来访者，因此就会比较纠结。如何能巧妙地处理此类情况，不违背保密例外原则，又不破坏咨询关系？这需要心理咨询师训练并提升自己的咨询技能。本章的案例解析部分将会呈现一个此类情况下的具体咨询对话过程及解析。

情况二：亲戚因为孩子厌学而情绪不好，得知你是心理咨询师，想找你咨询一下，希望你给出个主意。你该怎么办？

心理咨询师的应对建议：

1. 面对类似情况，你要先明晰此种情况下自己与对方之间是什么关系？你是以什么身份回应亲戚的咨询？你们之间用什么样的方式进行沟通？这种沟通产生心理咨询费用吗？

2. 请放弃下面这个想法：你可以用几句话和一两个建议解决孩子厌学问题、达成亲戚的期待。

3. 此种情况下，如果你的亲戚想进行正式的心理咨询，建议推荐你熟知的在此领域有专长的咨询师进行咨询。

4. 如果你的亲戚就是想随便聊聊。如同我们找个医生朋友咨询病情一样——医生也就是在专业上给予一些解释或建议，但不会给你开处方和诊断。所以，给予相关的科普是必要的，开展隐形的心理咨询是越界的。

5. 作为心理咨询师，你最适合给亲戚出的主意就是进行专业的正式的心理咨询。

情况三：来访者表示自己被确诊患有双相情感障碍后，对医院的心理咨询非常不满意，表示非常信任你，觉得你的咨询效果好，希望能跟你做长期的心理咨询。

心理咨询师的应对建议：

唯一的一个建议就是在面对来访者的称赞、信任、肯定的同时，千万不要忘记守法。

《中华人民共和国精神卫生法》第二十三条规定：心理咨询人员应当提高业务素质，遵守执业规范，为社会公众提供专业化的心理咨询服务；心理咨询人员不得从事心理治疗或者精神障碍的诊断、治疗；心理咨询人员发现接受咨询的人员可能患有精神障碍的，应当建议其到符合本法规定的医疗机构就诊；心理咨询人员应当尊重接受咨询人员的隐私，并为其保守秘密。

在心理咨询过程中，对于来访者症状的鉴别非常重要，对于超出心理咨询范畴的来访者，要建议其就医。

情况四：来访者觉得你经验丰富又了解人心，希望你能帮助她把老公留住。

心理咨询师的应对建议：

1. 目前社会中有将此类业务作为主营的心理机构，运用相关的心理技巧试图拿捏人心，但我并不提倡如此应用心理学。
2. 回归心理咨询的本质。对心理咨询师而言，对面的来访者才是真正的来访者，来访者的伴侣并不是你的来访者。
3. 要强调的是，心理咨询师的角色不是去"留住"一个人的伴侣，而是支持和引导来访者增强自我认识，发展应对技巧，实现自我成长，并最终找到最适合来访者的解决方案，不以最终能否维持这段婚姻为考核依据。
4. 在特殊的情况下，面对来访者提出的高额回报，咨询师务必要保持职业道德和规范。

情况五：来访者认为你的咨询非常有效，非常崇拜你，表现得特别乖巧、积极、认真地去落实和体验，并索要你的微信，希望能与你保持联系。

心理咨询师的应对建议：

1. 面对来访者的称赞，心理咨询师要保持冷静的头脑，要觉察咨询关系中移情、反移情的存在。

2. 保持咨询关系，避免建立咨询之外的其他关系。

3. 咨询中，要注意把个人及生活改变的责任和荣耀归还给来访者。

4. 心理咨询师个人的生活联系方式避免给到来访者，建立工作联系即可。

情况六：家人替来访者预约心理咨询，但是表示来访者不能接受自己有问题，不接受心理咨询，希望你能扮演其他角色，如职业规划师、妈妈的朋友等，在沟通过程中能为来访者进行心理咨询。

心理咨询师的应对建议：

1. 心理咨询师不是演员，心理咨询关系的基础之一就是真诚，善意的欺骗也是欺骗。

2. 对于不能接受心理咨询的来访者，心理咨询师可以引导家人如何从关心、关爱来访者的角度进行交流。例如："看到你这样，我真的很心疼，但不知道怎样才能让你更好受些。要不要我们找个专业的心理咨询师试试，看看能不能帮上忙。"或者，引导家人请来访者体验一下相关心理工具，如："我听说心理学有很多方法和工具能帮助我们了解自己，上次我体验了一下沙盘，通过摆几个小玩具就能探索出很多内容，你要不要也去体验一下？"

3. 如有来访者明确表示不接受心理咨询，心理咨询师可以请家人告知其心理咨询这一途径一直存在，来访者有权决定以下几件事：来或不来？选哪个心理咨询师？选哪家专业机构进行心理咨询？什么时间来？是否需要家人帮助预约？总之，让来访者充分感受到他可以决定自己的人生，他可以做出选择。

第三节　能力训练

一、心理咨询师边界感的自我觉察与反思

在心理咨询这一专业领域内，边界感的培养不仅是心理咨询师专业成长的关键一环，也是确保咨询过程健康、有效进行的重要保障。边界感，简而言之，就是个体对自己与他人之间的一种认知和情感界限的认识能力，它涉及个人隐私、职业道德、自我认同和他人尊重等多个层面。对于心理咨询师而言，边界感的训练是一条漫长而必须要走完的道路。

首先，心理咨询师必须建立明确的职业边界。这包括对客户隐私权的保护、避免与客户发生双重关系、在必要时候终止咨询关系等。职业边界的确立，有助于维护咨询关系的纯粹性与专业性，同时也是对客户尊重的具体体现。

其次，心理咨询师需要培养良好的自我意识。这意味着对自己的价值观、情感需求以及潜在的偏见和盲点有清晰的认识。通过不断的自我反思和觉察，心理咨询师可以更加客观地评估自己的行为，及时对可能出现的模糊边界进行调整。

再者，边界感的训练还需要心理咨询师具备深厚的专业知识。这不仅仅是指心理学理论的掌握，还包括对各种心理障碍的特点、治疗方法以及危机干预等方面的了解。只有具备了扎实的专业基础，心理咨询师才能在面对复杂多变的个案时保持必要的专业距离，既不过分投入也不过分疏离。

此外，有效的沟通能力也是边界感训练中不可或缺的一部分。心理咨询师应当学会如何清晰、恰当地表达自己的观点和感受，同时也要学会倾听和理解客户的需求与反馈。通过高效的沟通，双方可以在理解和尊重的基础上，共同维护一个健康专业的咨询环境。

最后，持续的督导与培训对于心理咨询师边界感的训练同样重要。参与定期的督导会议、工作坊和进修课程，不仅能够帮助心理咨询师更新知识，还能够提供一个检视和讨论个人边界问题的机会。

总体来说，心理咨询师的边界感训练是一个全面而深入的过程，它要求咨询师在专业知识、自我意识、职业伦理和沟通技巧等方面不断学习和提升。边界感的良好培养，不仅能够保护心理咨询师和客户双方的福祉，更能够提高心理咨询的有效性，让咨询真正成为促进个体心理健康和个人成长的积极力量。

心理咨询师边界感自我觉察与反思的提问：

1. 我在心理咨询中一定要做到的是什么？

_____

_____

2. 我在心理咨询中一定不能做的是什么？

_____

_____

3. 我在心理咨询中最期待的是什么？最能吸引我的是什么？

_____

_____

4. 当我在心理咨询中特别想给来访者建议时，特别想告知来访者最适合他的方法策略时，面对心理咨询师边界感这个主题，我能觉察到什么？

_____

_____

5. 我在心理咨询中针对边界感这一主题，要重点提醒自己什么？

_____

_____

6. 在边界感与助人之间，我的思考是什么？

_____

_____

_____

二、案例解析

假设一位来访者在最近的一次心理咨询中提到了极端的绝望感，而且还多次要求心理咨询师为其保密。在这种情况下，心理咨询师必须非常谨慎地处理这一情况。

心理咨询室内，来访者坐在心理咨询师面前，显得有些紧张、局促不安。心理咨询师以她一贯的温柔和关切开始了与来访者的对话。

心理咨询师：（轻声细语地说）"你好，××先生，我是心理咨询师。请告诉我你正面临的困扰，我希望自己能帮上点忙。"

来访者：（沉默了一会儿，然后缓缓开口）"我……我真的不知道该怎么办了。"

心理咨询师：（认真地看着来访者）"××先生，请放心，作为心理咨询师，我会尊重你的隐私。你可以信任我，我们的对话是保密的。但是，如果涉及自伤、自杀或伤害他人的情况，我有责任确保你的安全，这就属于保密例外了。"

（解析：在心理咨询开启阶段给来访者介绍保密原则及保密例外原则。）

来访者：……（阐述了在工作和生活中的困惑，来访者感到非常绝望，也谈及了自杀的想法。）

心理咨询师：……（对来访者的自杀风险进行了评估，目前存在中度风险。）

来访者："我觉得我的生活已经没有任何意义了，我只想结束这一切。老师，你能不能帮我保密？我不想让我的家人知道这件事，他们会觉得我是个失败者，会对我失望透顶的。"

（解析：来访者在知晓保密例外原则的情况下，仍旧提出让心理咨询师保密的要求。）

心理咨询师：（关切）"××先生，我们确实都不希望家人对我们失望。我能感觉到你非常重视自己的家人，你都已经这么难了，还不想让他们难受。"

（解析：心理咨询师没有同意来访者保密的要求，但是心理咨询师共情到来访者对家人的重视，因此抓取了来访者语言中的关键词"失望"，表达出对来访者的理解。）

来访者：（哭泣）"我的生活一团糟，我觉得自己一事无成，我不想让家人失望，但我不知道该怎么办。我真的很害怕他们会担心，我不想让他们为我操心。你一定要为我保密。"

（解析：来访者再次提出让心理咨询师保密的要求，说明来访者非常重视这件事，心理咨询师需要给予正面的回应。）

心理咨询师："我知道你有顾虑，但请相信，你的家人更关心你的安全和幸福。在这个困难时期，他们需要知道你正在经历什么，以便能够一起帮助你渡过难关。这件事涉及你的生命安全，属于保密例外，我没办法答应你。"

（解析：心理咨询师在做到共情的情况下，再次重申了保密原则。）

来访者：（低头）"我知道，但我还是不想让家人知道。"

（解析：来访者还是坚持提出让心理咨询师保密的要求。）

心理咨询师："××先生，我明白你的担忧，你十分看重自己的家人。可见你的家庭关系还是很好的，如果他们知道在你最需要帮助的时候什么都没做，甚至在不知不觉中还增加了你的压力，他们的感受会如何呢？他们是你最亲近的人，你一定不希望他们更难受。所以，我们的首要任务是帮助你度过这个困难时期，我们一起面对，寻找解决的方法。"

（解析：心理咨询师在充分理解来访者对家人重视的基础上，也引导来访者从家人的角度换位思考，期待来访者感受到他的家人在他面对无法解决的困境时想帮忙的可能性，从而回应来访者无法替他保密。）

来访者：（低头）:"嗯。"

心理咨询师："但是，我需要你签署承诺，在我们咨询期间，你不能采取自杀的行动。如果你真的非常难受，产生自杀的想法和行动，你一定要拨打××××××××这个应急电话，和我取得联系，让我们一起面对，好吗？"

（解析：此处属于危机干预的标准流程。）

来访者：（沉默片刻，然后点头）"好吧，我愿意尝试，尝试相信你。但我还是希望你能帮我保密，至少在我准备好面对他们之前。"

（解析：来访者虽然不再坚持完全保密了，但提出了新的要求，在来访者准备好面对家人前给予保密。）

心理咨询师："谢谢你的信任。我们一起努力渡过这个难关。我知道这可能让你感到不舒服，但是保密这件事我还是没办法答应你，我的首要任务是保护你。但是，我可以和你的家人交流你的情况，让他们给你一些时间和空间，等你准备好了再和他们谈这件事，可以吗？"

（解析：心理咨询师温柔而坚定地执行保密原则，但也充分理解来访者提出要求的合理性，因此提出帮助来访者在与其家人交流自杀风险的同时，争取让他们减少对来访者施加关爱压力，给予来访者时间和空间。）

来访者：（沉默片刻，然后点头）

心理咨询师："现在，让我们看看可以开始做点儿什么吧？"

上面是一个心理咨询片段，可以较好地呈现出心理咨询师如何处理保密例外的情况。在现实的心理咨询中，如果心理咨询师遇到有自杀风险的案例，则需要非常谨慎和小心。在这种情况下心理咨询师无法仅靠几句充满共情的回应就能与来访者进行深入交流。

第四章

核心能力训练 2：
快速建立有效的咨询关系

　　建立有效的咨询关系是促进心理咨询进展的核心要素。一个良好的咨询关系能够让来访者感到被理解、被支持与被尊重，这对于促进其内在的积极变化至关重要。然而，在实际咨询过程中，如何快速而有效地建立起咨询关系，是每个心理咨询师都需要面对的挑战。这一关系基于信任、共情、理解和尊重等基本构成，其稳固性直接影响心理咨询过程的成败和效果。因此，深入了解和探讨如何建立和维护一段良好且有效的咨询关系成为每一位心理咨询师必修的课题。

　　以下将介绍一些途径及相关理论，帮助心理咨询师在心理咨询中迅速构建有效的工作联盟。无论是从人本主义的无条件积极关注、精神分析的深层洞察、行为主义的明确导向、认知行为疗法的科学合作出发，还是从后现代心理学的平等合作出发，心理咨询师都能找到构建和维持这一神圣关系的黄金钥匙。

第一节　理论要点

一、人本主义的无条件积极关注

　　在心理咨询关系的建立上，人本主义的理论和实践为心理治疗提供了一个以个体为中心，尊重与理解的治疗框架。人本主义心理学家卡尔·罗杰斯（Carl Rogers）提出了著名的三个必要条件，即无条件积极关注（unconditional positive regard）、共情（empathy）和真诚性（congruence）。这三个条件是心理咨询师与来访者建立关系的基础，它们共同创造了一个安全、接纳的环境，让来访者能够自由地探索并表达自己的感受和想法。这种关系的本质是以人为本，它承认每一个个体都是独特的存在，都有自己的价值和尊严。

在咨询过程中，人本主义者认为，心理咨询师的角色不是权威的专家，而是来访者的同伴，与之并肩工作。心理咨询师通过倾听和反馈，帮助来访者更好地理解自己，从而促进来访者进行自我洞察和个人成长。这种方法鼓励来访者积极参与到治疗过程中，而非被动地接受心理咨询师的建议。

此外，人本主义心理学强调每个人都有自我实现的趋势，即向着充分发挥个人潜力、实现最佳状态的目标发展。在咨询关系中，这种信念激励着心理咨询师信任来访者的内在力量和成长能力，支持他们克服挑战和困难，实现个人的变革和进步。

然而，建立一个真正的人本主义心理咨询关系并非易事。这要求心理咨询师必须具备高度的自我觉察能力，对自己的价值观、偏见和情感有足够的认识，并在必要时进行适当的管理和调整。只有当心理咨询师保持真诚性和透明性时，他们才能够建立起基于信任和尊重的关系。

同时，心理咨询师还需要培养强大的共情能力，这意味着心理咨询师要设身处地地理解来访者的感受，而不是简单地从外部观察或者用自己的想法去判断。这种深层次的交流有助于构建一种强大的联盟，使来访者感到被理解和接纳。

在实践中，人本主义咨询关系也体现在对文化多样性和个人差异的重视。心理咨询师需要了解不同的文化背景，避免强加自身的文化价值观，要尝试了解和尊重来访者的文化框架和生活方式。

总之，人本主义心理学为心理咨询关系的建立提供了坚实的理论基础。它不仅关注技术和策略，更重视心理咨询师与来访者之间的真诚相遇。通过无条件积极关注、共情和真诚性的实践，人本主义心理学为寻找心理咨询的来访者开启了一扇通往自我发现、成长和治愈的大门。在这个过程中，每一个个体都被赋予了权力，得以在充满爱和支持的环境中勇敢地走向他们的自我实现之路。

二、精神分析的深层洞察

建立良好的咨询关系是精神分析治疗成功的关键。在这个过程中，心理咨询师的角色类似于一面镜子，反映出来访者内心深处的自我状态。通过建立一种安全、信任的氛围，心理咨询师使来访者能够逐渐展开自我探索。这种关系的建立基于几个核心概念：移情、反移情和工作联盟。

移情是指来访者将其过往经历中的情感态度投射到心理咨询师身上的过程。这种现象在心理咨询中极为常见。通过移情，心理咨询师能够观察到来访者的内心世界和来访者与他人互动的模式。心理咨询师通过理解和解释移情现象，帮助来访者认识并处理这些情感反应，从而促进治疗进程。

反移情则是心理咨询师对来访者的情感反应，这种情感可能来源于心理咨询师自身未解决的心理问题。心理咨询师的专业训练和自我分析有助于识别和管理这些情绪，确保它们不会对咨询关系产生不利影响。

工作联盟是来访者和心理咨询师之间为了治疗目标而建立的合作关系。一个稳固的工作联盟能够保证即使在面对挑战和困难时，双方依然可以保持有效的合作。精神分析通过揭示潜意识内容及其对行为的影响，加强了来访者和心理咨询师之间的连接，为建立一个深层次的治疗联盟奠定了基础。

弗洛伊德认为，对移情和反移情现象的处理可以揭露并修复来访者内心深处的心理冲突。心理咨询师专业的自我态度以及对情感反应的管理成为确保咨询关系正向发展的关键因素。

在实践中，精神分析的方法要求心理咨询师具备高度的敏感性和洞察力。他们需要仔细倾听来访者的言语和非言语信息，观察其中的隐喻和象征，解读隐藏的意义。同时，心理咨询师也会运用自己的反移情作为理解来访者内心世界的工具。通过这种方式，心理咨询师和来访者之间形成了一种特殊的共鸣，使来访者能够在安全、支持性的环境下进行自我探索和成长。

三、行为主义的明确导向

在心理学的各个学派中，行为主义以其注重行为的观察、评估和改变而独树一帜。它不仅对心理治疗领域产生了深刻影响，更在心理咨询关系建立中展现出其独特的理论价值和实践意义。

行为主义的基本原则之一是强调可观测的行为和环境之间的相互作用。在心理咨询过程中，心理咨询师与来访者建立的关系，本质上是一种行为交互的体现。行为主义认为，强化正向互动可以增进咨询双方的信任与理解，进而提升咨询效果。这一观点为心理咨询师提供了明确的指导原则：关注来访者的外显行为，并在咨询过程中逐步引导和调整这些行为。

例如，在行为主义的视角下，心理咨询师会倾向于使用具体的目标设定和行为契约来确保咨询关系的稳固。这种方法强调了明确性和可量化性，使得咨询过程更加透明和高效。同时，通过对来访者在咨询过程中表现出的积极行为的正面强化，如表扬、鼓励等策略，心理咨询师能够有效地巩固咨询关系并提高来访者的自我效能感。

此外，行为主义还强调了模仿和学习的重要性。在咨询关系建立过程中，心理咨询师往往充当着榜样的角色。通过示范良好的沟通技巧和情绪调节策略，心理咨询师不仅帮助来访者学习到新的行为模式，也在无形中加强了双方的情感联系。这种以身作则的方式，无疑增加了心理咨询师的影响力，使来访者更加愿意接受心理咨询师的指导和建议。

然而，行为主义在心理咨询关系建立中的应用并非没有挑战。首先，它可能忽视了来访者内在情感和认知的作用。人的行为虽然重要，但行为背后的动机、情感和思维同样不可忽视。因此，心理咨询师需要在行为主义的指导下，结合其他心理学理论，全面理解来访者的需求和特点，以便更好地建立和维护咨询关系。

再者，行为主义的强化策略需要谨慎使用。过度的强化可能会导致来访者产生依赖，或者感到被操纵。因此，心理咨询师在使用强化策略时，必须考虑到来访者的自主性和尊严，确保这些策略是在来访者自愿和参与下进行的。

四、认知行为疗法的科学合作

认知行为疗法（Cognitive Behavioral Therapy，简称 CBT）基于一个中心前提，即个体的情绪和行为受到其认知（即思维模式和信念）的影响。因此，通过识别和挑战这些负面的或不合逻辑的认知，个体能学会以更积极的方式看待自己和周遭环境。在这一过程中，心理咨询师与来访者之间的互动关系至关重要。

在认知行为疗法实践中，建立一个安全、支持性的环境是首要任务。心理咨询师需要展现出真诚与无条件的正面关注，这有助于树立来访者的信任感。透过有效的沟通技巧，如倾听和共情，心理咨询师能够理解来访者独特的认知模式及其背后的情感体验。这种理解和共鸣为改变过程奠定了基础。

认知行为疗法强调心理咨询师与来访者之间的合作关系。来访者被鼓励积极参与到治疗过程中，成为自己改变的专家。这种参与性要求来访者承担起一定的责任，同时，心理咨询师的角色更多的是指导者和协作者而非权威专家。这样的合作模式不仅促进了来访者的自我效能感，也加深了双方的工作关系。

认知行为疗法通常是以目标和解决方案为导向的。明确的目标设定有助于来访者理解咨询的方向和预期成果，增加了咨询效果的透明度。当来访者明白每一步治疗的目的时，他们更容易与心理咨询师保持同步，建立起一种共同工作的感觉。透明的进程和可测量的成果也有助于增强来访者的参与感和满意度。

在采用认知行为疗法进行心理咨询的过程中，定期的评估与反馈机制保证了心理咨询的灵活性和适应性。心理咨询师会根据来访者的反馈调整咨询计划，确保咨询方案贴合来访者的实际情况。这种双向的沟通和反馈循环强化了咨询关系，使来访者感到被听见并且被重视，从而增强了对咨询过程的投入度。

五、后现代心理学的平等合作

以后现代心理学的视角来看，心理咨询关系不再仅仅是心理咨询师与来访者的简单互动。后现代心理学提倡的是一种平等、合作的关系模式。心理咨询师不再是权威的"专家"，而是"同行者"，他们与来访者一同探索，发现解决问题的新路径。这种关系的建立，首先基于对个体独特性的认识。每个人都是自己生命的主人，拥有自己的感受、思考和解决问题的资源。心理咨询师的任务是倾听、理解并尊重这些独特的声音，而不是用既定的理论框架去限制或定义个体。

在实际的操作中，后现代心理咨询关系还体现在对权力结构的反思和调整上。传统的咨询模式可能无意中强化了心理咨询师的权力地位，而后现代心理学则努力消解这种不平等。通过共享决策权、鼓励自我反思和促进双向反馈，心理咨询师与来访者建立起一种更为平衡和谐的关系。

后现代心理学认为，心理咨询关系的成功与否，不仅取决于心理咨询师的专业能力，更取决于双方的真诚参与和共同创造。这种关系不是单向的输出和接受，而是双向的交流和互动。在这个过程中，心理咨询师与来访者共同成长，共同体验人性的丰富和复杂。

综上所述，心理咨询关系的建立是一个复杂且动态的过程，它涉及多方面的理论知识和实践技能。从人本主义到行为主义，再到认知行为疗法和后现代心理学，这些理念和方法为心理咨询师提供了宝贵的指引。只有不断地深化理论学习与提高实践能力，才能构建起坚实且富有成效的心理咨询关系，帮助来访者在心理成长的道路上不断前行。

第二节　咨询应用

一、咨询师建立有效咨询关系的注意事项

快速建立有效咨询关系的重要性我们均有共识，然而在实际的心理咨询中，如何能够快速建立起有效的咨询关系？面对非自愿来访者的不配合时，如何能建立起咨询关系？这些问题和难点均是新手心理咨询师在实际咨询中的困惑。当然，建立咨询关系这个环节不仅仅是在咨询开始前或者初期，而是要贯彻心理咨询整个过程。因此，心理咨询师在咨询过程中，还需要注意以下六个方面的内容：

1. 快速建立有效咨询关系的一个关键途径是人本主义理论强调的无条件积极关注，即无论来访者表现出怎样的行为或情绪，心理咨询师都应保持一种接纳和非评判的态度。

2. 初始接触的积极倾听也是重要因素。倾听不仅仅是听见对方所说的话，更是对话外之音、言外之情的理解。通过积极倾听，心理咨询师可以传达出对来访者的尊重与关心，同时也能够收集到关于来访者的重要信息，为其后续的咨询工作打下基础。

3. 共情能力的展示也极为重要。共情是指心理咨询师设身处地为来访者着想，尝试理解并感受他们的情绪体验。通过表达共情，来访者会感到自己并不孤单，他们的感受得到了认可和尊重。这种情感的共鸣对于建立信任感有着不可替代的作用。

4. 真诚透明的态度也是构建有效咨询关系的要素之一。真诚不仅仅是诚实不欺，更是在心理咨询过程中保持真实自我的一种表现。心理咨询师的开放性与真诚可以让来访者感觉到安全与信任，从而更愿意打开心扉进行交流。

5. 正面反馈机制的运用也有助于加强咨询关系。正面反馈意味着心理咨

询师能够及时肯定来访者的进步和努力，这种正面的强化作用能够增强来访者的自信心，激励其持续参与咨询过程。

6. 文化习俗敏感性也是现代心理咨询中不可或缺的一部分。意识到来访者的文化习俗背景，尊重其文化价值观和习俗，能够帮助心理咨询师避免文化冲突，更好地与来访者建立起联系。

二、咨询实践中的五个重要操作流程

快速建立有效的咨询关系需要心理咨询师具备一系列的技能与态度。从最初的积极倾听、共情，到展现真诚、透明的态度，再到正面反馈以及文化敏感性的应用，每一个环节都是构建稳固咨询关系的重要组成部分。以下就从主动来访者、非自愿来访者、无条件接纳、共情能力、真诚的咨询态度五个咨询实践中需要重点关注的内容来阐述具体的可操作工作流程。

1. 主动来访者的咨询关系建立

心理咨询关系的建立并非始于心理咨询正式开始时，而是始于心理咨询师和来访者第一次沟通时——可能是事先的电话或微信沟通，可能是咨询当日的第一次见面。这就是美国心理学家洛钦斯首先提出的首因效应。

首因效应，也称为第一印象作用或先入为主效应。它指的是个体在社会认知过程中，通过"第一印象"最先输入的信息对客体以后的认知产生的影响作用。第一印象作用最强，持续的时间也长，比以后得到的信息对于事物整个印象产生的作用更强。

心理学研究发现，与一个人初次会面，45 秒钟内就能产生第一印象。这一最先的印象会对他人的社会知觉产生较强的影响，并且在对方的头脑中形成并占据着主导地位。大脑处理信息的这种特点是形成首因效应的内在原因。虽然第一印象并非总是正确的，但却是最鲜明、最牢固的，并且决定着以后双方交往的进程。

如果一个人在初次见面时给人留下良好的印象，那么人们就愿意和他接近，彼此也能较快地取得相互了解，并会影响人们对他以后一系列行为和表现的解释。反之，对于一个初次见面就引起对方反感的人，即使由于各种原因难以避免与之接触，人们也会对之很冷淡，在极端的情况下，甚至会在心理上和实际行为中与之产生对抗状态。

所以，要想快速建立有效的咨询关系，就要充分运用首因效应，在 45 秒内快速获得来访者的三次认同，即快速建立关系的三个"YES"技巧。这个技巧是在加拿大多伦多大学的焦点解决短期治疗课程中 Haesun Moon 老师分享的。说到这里，可能很多朋友马上感受到大脑一片空白。我应该如何运用三个"YES"技巧？下面举个例子：

第一个"YES"：

心理咨询师："你觉得我们现在可以开始心理咨询了吗？"

来访者："是的，可以！"

第二个"YES"：

心理咨询师："你觉得我说话的语速和音量合适吗？"

来访者："合适，能听清，挺好的。"

第三个"YES"：

心理咨询师："一会儿咨询开始，按你习惯的方式表达就行，怎么说都可以。"

来访者："好的。"

如果我们能从来访者这里顺利获得三个"YES"，那么在接下来的对话中，来访者会更愿意和心理咨询师交流。

2. 非自愿来访者的咨询关系建立

在心理咨询和治疗的实践中，我们时常会遭遇一类特殊的群体——非自愿来访者。他们或许因为家庭、职场或其他外力而坐在心理咨询师面前，内心充满抵触与困惑。对于这类群体，建立有效的咨询关系并非易事，它需要心理咨询师更具备耐心和包容，同时兼具高度的敏感性、沟通技巧及专业知识。

以下是一次模拟的对话，旨在展示如何通过语言的艺术为非自愿来访者搭建起沟通的桥梁。

心理咨询师："早上好，××先生，我是××咨询师。我知道你来这里可能有些许不情愿。但是，非常感谢你今天还愿意抽出时间来到这里。"

来访者：（显得有些不自在）"其实我没什么特别想说的，就是家里人一直催，我也没办法。"

（心理咨询师在与来访者共情的基础上代替来访者表达出"来这里有些许不情愿"，说明他知道来访者是被迫来到这里的，但是毕竟来访者已经来到现场，所以心理咨询师用了"些许"这样的轻度形容词。此外，心理咨询师后半句中的真诚感谢，让来访者感受到了尊重和真诚。心理咨询师呈现出的共情、尊重和真诚，使其更容易邀请来访者进行自我表达。）

心理咨询师："嗯，一直被催，确实不太舒服。其实我们今天在这里，并不是要评判或强加任何东西给你，只是单纯地希望给你提供一个倾听和交流的空间。你谈的一切内容，除了违法行为、伤害别人和伤害自己的内容我不能保密，其他的都会保密，也不会告知帮你预约的家人。你想谈点儿什么？从哪里聊都可以。"

来访者：（稍微放松）"那我可以只说说工作上的事吗？家里的问题实在是太复杂了。"

（心理咨询师在来访者的表达中抓住关键词"一直催"，从而在共情的基础上，表达出"一直被催，确实不太舒服"，让来访者感受到被理解，增加了来访者对心理咨询师的好感。接下来，心理咨询师没有确定这次咨询有什么固定要求，而是给予了来访者充分的空间。心理咨询师告知来访者保密原则和保密例外的相关内容，给予了来访者更强安全感。）

心理咨询师："当然可以，我们可以从任何你愿意聊的话题开始。"

来访者：（开始描述工作中的压力和挑战）"嗯，主要是感觉工作太没劲了，没有前进的希望，但也不能不工作。每天加班到很晚，回家还要应对一堆家事……"

（心理咨询师对来访者的认同"当然可以"，充分让来访者感受到了主动权在自己手里，自己想说什么都可以，所以更有助于非自愿来访者开始交流。）

通过上述简单的案例展示，我们可以感知到，对于非自愿来访者，心理咨询师更要注意给予充分的共情、真诚的态度和广阔的空间。

3. 无条件接纳来访者

世界上不存在两片相同的树叶，也不存在完全相同的人。每个人从小到大都有着各自的成长环境、家庭教育和学习经验，这些也就促成我们"三观"的形成。在心理咨询中，心理咨询师必须学会处理自我内心的声音，练习并训练自己无条件接纳来访者。是的，没有看错。心理咨询师要练习并训练自己无条件接纳来访者。

接纳并不是一件容易的事情，更何况是无条件接纳。接纳不等于认同。在心理咨询中，心理咨询师并不一定要认同来访者谈及的一切。接纳更像是把来访者谈及的内容全盘接收，然后纳入心理咨询师的思维体系，从而对来访者产生好奇："他这个想法是怎么来的？""是怎样的人生经历让来访者有了这样的视角和感悟？""这样的生活方式和来访者的困境之间的关联是什么？"

来访者的人生观、世界观、价值观不需要心理咨询师来评判，而是需要心理咨询师去理解。每个人都有内心的评论者，这些声音可能来自于早年的经验或外界的期望。要实现无条件的自我接纳，心理咨询师更需要辨识这些批判声音，看到自己与来访者的不同之处，但不要让这些声音干扰到后续的心理咨询，更不要对来访者进行评价、教育与指导。

所以，要想在咨询中真正做到无条件接纳来访者，这需要在生活中、在咨询实习训练中专门进行练习。具体可以分为以下四个步骤：

当我们在与他人相处的过程中，听到他人在表达自我的观点或者看到和自己不同的做事方法时，我们便可以进行接纳练习。

第一步：警觉到自我内在感受的变化。

此时，心理咨询师要警觉到自己是否有内在的念头升起，或者是否有情绪感受，或者是否有自我内在的评价等变化的产生。这就是人的本能。心理咨询师需要练习捕捉这些变化的发生。这些变化往往稍纵即逝，如果没有觉察到这些变化，心理咨询师就有可能按照自己的这些念头进行后续的回应和行动。此时，心理咨询师就忽略了对来访者的接纳。

第二步：辨析出与自我内在"三观"的不同之处。

只有心理咨询师警觉到自我内在变化的发生，才可能开展第二步，就是快速在思维中辨析出来访者的表达或行动与自我内在"三观"的不同之处。用语言赘述这个过程，看起来比较复杂，但实际上在思维运作中，这就是一刹那的事。在这个环节中，心理咨询师要练习停止进行后续评价，看到不同即可。

第三步：选择搁置己见。

这个步骤是心理咨询师做决策的步骤。此时，心理咨询师不要否定自己，也不要委屈自己、强迫自己认同来访者，只要选择放下自己的这些内在的想法，不影响后续交流即可。

第四步：带着好奇去探索来访者的故事。

最后，心理咨询师要对来访者的故事产生好奇心，好奇他们的这些想法、说法、做法的源头及其成长过程。同时，心理咨询师要努力地去探寻来访者是怎样活出现在的生命状态的。这就如同我们看到一棵姿态奇异的树，我们不去评判和感慨树的形状，而是去探索造成这种姿态的原因。

以上四个步骤需要心理咨询师在生活中或咨询实习中反复练习，这样才能在实战咨询中快速起效。

4. 共情能力

共情是人本主义心理学家卡尔·罗杰斯提出的一个概念，又被称为同理心。罗杰斯认为理解来访者如何看待世界比理解现实世界更重要。罗杰斯对共情的解释是"心理咨询师能够准确地觉察来访者内在的主观世界，并且能将有意义的信息传达给来访者。觉察到来访者蕴含着个人意义的内在世界，就好像身处自己的世界，但是又永远不失去'好像'的状态"。共情是一种理解他人内心世界的能力，这种理解不仅仅是智力上的理解，更重要的是情感上的共鸣和体验。

阿尔弗雷德·阿德勒（Alfred Adler）是奥地利精神病学家、人本主义心理学先驱、个体心理学的创始人。"共同体感觉"是理解并实践阿德勒心理学的关键点，这是一个相当难理解的概念。阿德勒把德语中的"共同体感觉"翻译成英语的时候采用了"social interest"这个词。它的意思就是"对社会的关心"，进一步讲就是对形成社会的"他人"的关心。我们需要学会用他人的眼睛去看，用他人的耳朵去听，用他人的心去感受。换句话说，就是"穿上来访者的鞋子去观察与感受来访者的体验"。

在心理咨询中，共情是有层次的、有深度的，不仅仅只是停留在情感上的。心理咨询师经过共情训练，可以让自己更深度地理解来访者。初步考虑，共情可被分为以下四个层次：

（1）初级共情：情感共鸣的起始

初级共情是情感共鸣的基础，它要求心理咨询师能够准确捕捉来访者的情绪状态，并给予适当的反馈。这需要心理咨询师具备敏锐的观察力和倾听能力，能够在来访者的语言和非语言线索中发现情绪的踪迹。训练方法包括角色扮演、情绪识别练习和倾听技巧的锻炼，目的是让心理咨询师能够迅速而自然地进入来访者的情感世界。例如：

来访者："在此过程中，我逐渐意识到，从心理咨询师的职业道德角度出发，一旦离开咨询室，我们之间的咨询关系理应终止。然而，在实际操作中，我曾遇到一些孩子向我提出请求，希望添加我的微信。面对这样的请求，我起初难以直接拒绝，因为他们似乎认为，正是因为父母无法给予足够的帮助，才导致他们寻求我的帮助，并希望通过微信保持联系。"

心理咨询师："哦。"

来访者："对于这一情况，我内心存在疑虑，不清楚自己的处理方式是否恰当。然而，在那一刻，我并未直接拒绝那位孩子的请求，这成为我心中的一个困惑与反思点。"

心理咨询师："很纠结啊！"

来访者："对，就是很纠结，比如说……"

心理咨询师："我应该主动帮忙，还是视而不见？"

来访者："对，我们真的就要遵守这个伦理道德？"

在这段咨询中，心理咨询师共情到来访者的感受，用"纠结"这个词语表达出来访者的状态。如果心理咨询师确实做到与来访者共情，那么，来访者会给予肯定的回复。在案例中，我们可以看到，来访者说"对，就是很纠结，比如说……"，此时心理咨询师感受到来访者的状态，代替来访者补充了"比如说"的后半句话："我应该主动帮忙，还是视而不见？"来访者继续给予了肯定的回复，说明心理咨询师对来访者的想法理解到位。这也是岳晓东老师提出的，共情的成功表现是来访者说出上半句，心理咨询师能够准确说出下半句话。

（2）中级共情：情绪调节的平衡

进入中级共情，心理咨询师不仅要感受来访者的情绪，还要学会管理和调节自己的情绪反应。这一层次的共情要求心理咨询师保持一定的情感距离，以免被来访者的情绪影响，从而失去客观性。训练方法可以包括情绪管理、情绪自我反思日记和督导过程中的个案讨论，这些都有助于心理咨询师在共情的过程中保持专业性。例如：

来访者："我实在是受够了，我不知道大家为什么都这么针对我！我的上司完全不理解我，我的同事们都在背后议论我，我感觉到处都是敌人！明明我身体不太好，比较怕冷，可是我们办公室的同事非要开窗，让凉气进来。我让他关窗，他就不关。其他同事还帮腔，让我多穿点儿，这让我非常愤怒。更有甚者，某同事因自己负责的项目重要，便在办公室内高声通话，其意似在炫耀成就。我要求他降低音量却遭拒绝，这样的行为进一步加剧了我的不满与无奈。领导非但未能给予我支持，反而责备我过于计较，劝我应致力于改善同事关系。这让我不禁质疑，难道我就应默默承受这一切不公，放弃捍卫自己的权益吗？"

心理咨询师："你的描述透露出深深的挫败感与不适，与同事及领导间的关系紧张无疑加剧了你的心理负担。你似乎正承受着被误解与委屈的情绪，这种情绪若长期存在，无疑会对你的日常工作与心理健康造成不利影响。每日置身于如此环境之中，确实令人难以承受。"

来访者："是的，我总是觉得他们对我有偏见，我做的每件事情都被批评，我不知道该怎么办才好。"

心理咨询师："你的感受很强烈，这往往源于我们内心对外界的反应的解读与构建，这些解读往往植根于个人的不安全感或过往经历之中。你愿意与我一起努力，好好探讨一下我们应该做些什么才能走出当前的困境吗？"

来访者："我真的不知道该怎么做了，我觉得我被困在了这个情况中。"

心理咨询师："你并不孤单。我们可以一起探索应对策略，帮助你更好地理解自己和他人，也许还可以找到一些方法来改善你与同事和上司的关系。你愿意尝试看看吗？"

来访者："我愿意尝试，但我不确定这会不会有用。"

心理咨询师："改变总是需要时间和耐心的。我在这里支持你，我们可以循序渐进。你已经迈出了寻求帮助的第一步，这本身就是一个非常积极的行动。"

在这个案例里，我们可以觉察到来访者的个性比较鲜明，而且来访者的语言表达中存在一定的为了自我保护而产生的攻击性。这样的来访者特别容易激发心理咨询师的个人情绪和评判。因此，心理咨询师的共情训练和个人情绪成长就显得尤为重要了。

（3）高级共情：深层理解与回应

高级共情是对来访者经历的深刻理解和内在体验的共鸣。在这个层次上，心理咨询师需要通过言语和非言语的方式，传达出对来访者经历的理解和支持。这要求心理咨询师具备丰富的理论知识和临床经验，能够洞察来访者的需求和动机。高级共情的训练往往需要长期的个人分析和案例研讨，以及对不同理论模型的学习和应用。例如：来访者的母亲常年经历家暴，来访者自出生就在暴力环境中成长。目前母亲已过世，但她自己感觉一直背负母亲的命运，非常累，经历了非常多的心理创伤事件，身体也出现健康预警。在新手心理咨询师与来访者对话后，下文展示了心理咨询师（实际是督导角色）最后在分享环节带有高级共情、深度理解的回应。

　　心理咨询师： "……我特别想先回应一下我们今天特别有力量的 ××（来访者名字）。其实在整个的过程中，我在倾听的时候，一直在想一个问题，我们面前的来访者到底是个什么样的人？是什么样的生活经历和什么样的感悟，让她活出现在的这样一个状态。我们究竟能够触及她的内心世界多深多远，这是一个值得不断探索的问题。

　　"××（来访者名字）的分享，无疑展现了一个成熟且深刻的灵魂。她所阐述的，并非浅尝辄止的生活片段，而是深埋于心的努力、纠结、成长与蜕变。她勇敢地揭示了生命中的闪光与感悟，这些深层次的内容对于初入咨询领域的新手心理咨询师而言，或许难以迅速把握其节奏与深度。然而，我们的来访者却已站在一个更为高远的位置，等待着我们的理解与共鸣。

　　"在此，我愿从个人感受出发，与你分享一些不同的见解，希望能够引发你新的思考或情感共鸣。请允许我简短地阐述几分钟。

　　"首先，我们注意到来访者追求的'轻松'。尽管她已意识到自己的状态有所改善，但仍感不足，似乎仍难以完全接纳当前的自我。她描述了自己时常处于透支与强撑的状态，这种不懈的努力与坚持，无疑彰显了她强大的韧性与生命力。我们深知，这样的生活模式并不轻松，但它却支撑着她走过了无数艰难险阻，直至看到今日的精彩与美丽。因此，我认为这种坚持与韧性，正是她得以'活下来'的关键所在。

"然而，时过境迁，如今的她已非昔日可比。面对新的挑战与困境，她已拥有了更多的应对之策。例如，她谈到了一个细节，她从今天最初的紧张不安，到后来的轻松自如，这一转变正是她内在力量觉醒的证明。她已能够自如地运用新的方法去应对生活中的种种挑战，这无疑是她成长与蜕变的重要标志。

"更让我感动的是，她对于生命的深刻理解与尊重。她不再仅仅为了生存而透支与强撑，而是更加珍视自己的身体与健康。她渴望以一种更为轻松与自在的方式去生活，去体验生命的美好。三四年的心理咨询，经历创伤，××今天还能活出这样的状态，其实她已经付出了很多努力，她已经真的使足了自己的力气。所以我在想，她觉察到了自己的这种透支和强撑，想稍微再好一点。她对生命的这种理解和我们很多人的理解真的不一样，她的理解是更深层的。我刚才琢磨了一下用什么词来表达，我觉得她是对自己的这个生命，包括她对她母亲的生命的一种膜拜。不是臣服，是膜拜。所以，她才想让自己再好一点、再轻松一点，不要总用透支和强撑的方式为难自己。所以，这一切可能真的就是这个坚强的、与众不同的××活出来的生命状态。不管怎样，她的母亲已经完成了她今生的使命，接下来是××（来访者的名字）自己要走的路，她可以把她的母亲放在心里。我想说：'当你想的时候，你是可以做到的。'

"以上便是我今晚聆听××（来访者的名字）分享后的感悟与见解。我深知每个人的内心世界都是独一无二的宝藏，我期待着与你一同继续探索与发现。同时我也注意到你一直在给予我积极的回应。那么，此刻你是否愿意分享一些自己的想法或感受呢？"

来访者："雪梅老师，我衷心地感谢你刚刚那几分钟的回复，它们确实触及了我的心灵深处。在此咨询过程中，我始终抱有一个期待，那就是能否有人真正理解我、洞察我的内心。而你的回复，正是我所期待的，那种被看见、被理解的感觉，让我深感宽慰与满足。因为在我看来，被理解本身就是一种治愈，无须外界直接解决问题，我自有能力去应对。

"你所提及的关于生命起源的艰辛，让我深有共鸣。确实，每个生命在降临这个世界之前，都已历经了无数的挑战。这种对生命本质的深刻洞察，让我更加珍惜眼前的一切。

"至于我的母亲，她不仅是我的亲人，更是我心中的偶像与膜拜对象。她以七十年的坚韧与不屈，诠释了生命的顽强与尊严。即便在失去尊严的艰难时刻，她依然选择活着，这种勇气与决心让我深感震撼与敬佩。她的生命如同一朵夏花绚烂，即便在生命的尾声，也展现出了令人叹为观止的华丽转身。这种对生命的膜拜让我更加坚定了一个信念，那就是要发扬她的精神，同时也要尊重自己身体的感受与需求。

"在你的回应中，我感受到了一种被精准理解的温暖与力量。这种被看见的感觉让我激动不已，同时也让我更加清晰地认识到自己的内心世界与需求。我深知自己的身体敏感而诚实，它不会欺骗我，而是时刻提醒我关注当下的感受与体验。这份感恩之情，难以言表。

"此外，你还提到了我对生命的独特理解。我并非想要炫耀自己的与众不同或凸显个性，而是相信每个人都有其独特的生命轨迹。我珍惜并享受自己这份独特的生命体验与感悟，它们构成了我独一无二的存在与价值。

"在此，我再次向你表达我最诚挚的感谢与敬意。你的理解与支持将是我继续前行、探索生命奥秘的强大动力。"

心理咨询师："谢谢你的回应。现在感觉好一点了吗？××（来访者名字）。"

来访者："嗯，现在有点激动，但是它不是经历那些我认为不好的事情的窒息感，其实现在这种身体状态还是比较舒服的。"

心理咨询师："好，谢谢你的回应。"

虽然上面的这段案例分析的内容比较多，但是认真去品读这段内容，你可以体会出心理咨询师的一字一句都饱含了对来访者的深层理解和高级共情。对来访者的精准解读、深层理解，以及运用贴切并十分有能量的词语"膜拜"来回应来访者，都让来访者产生了深深的共鸣。在心理咨询的现场，来访者非常认真地倾听心理咨询师的回应，不断高频地做出点头、深呼吸、仰头、流泪等动作给予回应。

（4）终极共情：无条件关怀的体验

终极共情是一种理想的状态，它超越了简单的情感共鸣和理解，达到了一种无条件关怀的境界。在这个层次上，心理咨询师能够完全放下自己的价值观和偏见，全心全意地接纳和理解来访者。这种共情要求心理咨询师具备高度的自我觉知和精神修养，能够在不同的文化和个体差异中找到共同的人性本质。终极共情的培养是一个终生的过程，它涉及不断的自我成长和修炼。例如：

来访者（声音微弱，带着一丝颤抖）："事实上，我长期以来都清晰地意识到自己在性取向上与他人存在差异，对同性抱有特殊的情感倾向。然而，每当这种意识浮现于心间，我的内心便仿佛被一块沉重的石头堵塞，难以释怀。"

心理咨询师："我能深切地感知你内心所承受的不安与困顿。诚然，此类情感在社会普遍认知中或许难以被轻易接纳与认可，然而这种感情也是很真实的，对吧？"

来访者："是的，这也是让我很痛苦的地方。"

心理咨询师："好的，那我们来看看探索些什么能对你的状况有所帮助？你今天最希望通过咨询收获些什么呢？"

在上面这个案例里，来访者的性取向问题是大多数人难以接受的，也不见得是心理咨询师认同的。所以，心理咨询并不要求咨询师要完全认同来访者的看法，而是要从人性的角度去理解这个人，理解这个人的生命过程，理解这个人是怎样的生命历程导致其形成现在的认知体系，理解这个不被大众接受的人也可以有他自己的需要和内在期待。

总而言之，共情在心理咨询中的重要性不言而喻。从初级到终极，每一个层次都要求心理咨询师具备不同的能力和素质。通过系统的培训和实践，心理咨询师可以逐步提升自己的共情水平，更好地服务于来访者，帮助他们走出困境，找到心灵的安宁。在这个过程中，心理咨询师也在不断地学习、成长和转变，最终实现自我与职业的双重提升。

　　然而，新手心理咨询师在成长过程中还需要特别注意一个问题，那就是如何避免过度共情。说到这里，我想到了阿德勒心理学中的一个小故事。一个女生去买蛋糕，但柜子里面只有一块；排在她后面的女孩也想吃蛋糕。女生没有一丝犹豫，直接跟老板说："我要这块蛋糕。"女孩的妈妈跟女生说："你能把这块蛋糕让给我们吗？我女儿也想吃。"如果女生说"好的，给你吧"，这就是过度共情。过度共情是指我理解你，也心疼你，所以我放弃自己的利益，委屈自己成全你。如果女生说"不可以，我也想吃"，这就是合理共情。合理共情是指我理解你，但我不会牺牲自己的利益去成全你。

　　这两种共情本质上是不一样的。过度共情最后会让你陷入不良情绪和自我攻击的状态。心理咨询师需要不断提升自己的共情能力。随着共情能力的提升，心理咨询师的内心会更加敏锐和敏感，努力站在别人的角度考虑问题，把自己代入对方的生活。所以，心理咨询师的边界感就尤为重要，把选择生活方式和最终决策的权力还给来访者，由来访者自己决定是在现实中去生活、去体验、去成长还是停留在原地或后退几步，而不是来访者要按照心理咨询师建议的正确的、标准的、最佳的方式去生活。

5. 真诚的咨询态度

　　举个例子，一位年近七旬的女士来参加亚隆的团体心理治疗，一开始，在大家并不熟悉的时候这位女士就说道："我想我不属于这里，我的先生已经离开我三年了，这三年里我时刻都想着结束自己的生命，我们感情很好，我不想独自活在这个世界上……"

　　亚隆整个身体前倾，弓着腰仔细地听她说着每一句话，等她说完，亚隆开口道："你看这样好吗？你试着在这里待上 10 分钟，你可以帮我观察一下这个团体里大家都在做什么，如果觉得可以，你也可以尝试着说点什么，看看在你说出一些话之后这个团体会发生什么变化，然后你再决定是否要离开这里。"

　　或许是被亚隆的真诚打动了，抑或是亚隆所说的话对她产生了一点影响，她坐直了身体，投入到了团体心理治疗中。10 分钟过去了，亚隆把目光转向她，亲切地问道："你感觉怎么样？"女士想了一下，说道："我想我可以尝试一下，看能不能继续待在这里。"一轮团体心理治疗的时间是 90 分钟，当治疗要结束时，这位女士说道："我想我下次还可以准时来到这里。"

通过这个故事，我们可以感受到真诚是进行有效沟通、建立信任关系并解决问题的关键。心理咨询师应以"真实的我"出现，不隐藏自己的情感和态度，也不带防御式伪装。这种真实可信的态度有助于来访者感受到被理解和接纳。虽然真诚强调真实，但并不意味着要毫无保留地说出所有想法，尤其是那些可能伤害来访者或破坏咨询关系的话。心理咨询师需要权衡利弊，以负责任的态度表达真诚。心理咨询师在回答问题时要保持诚实，不夸大其词或隐瞒事实。如果无法立即给出答案，心理咨询师应诚实地告知来访者并承诺会尽快查找或咨询相关专家。在提供建议或解决方案时，心理咨询师应清晰地说明可能出现的风险和限制。这些都是真诚的呈现。

第三节　能力训练

一、快速建立关系的三个"YES"技巧

提出问题的方式和内容对于得到肯定或认同的回答非常关键。以下是一些技巧，可以提高心理咨询师得到肯定回答的概率。

1. 确定性提问

确定性提问是指根据现场相对确定的情况进行提问，确定来访者的肯定态度。

例如："你是 ×× 吧？"

"现在房间的温度合适吗？"

"这么坐，你还舒服吗？"

"我的音量可以吗？"

"我可以称呼你 ×× 吗?"

请列出三个同类的提问问句:_____、

_____、

_____。

2. 共感提问

心理咨询师通过表现出自己理解来访者的立场或感受,与来访者产生共鸣,从而更可能获得来访者的认同。

例如:"我们都希望今天的交流能对改善你目前的状态有些帮助,对吧?"

请列出三个同类的提问问句:_____、

_____、

_____。

3. 陈述事实后提问

心理咨询师先提供一个双方都能接受的事实基础,再提出问题。

例如:"好,我们都把手机关闭到静音状态,你觉得现在可以开始心理咨询了吗?"

请列出三个同类的提问问句:_____、

_____、

_____。

4. 利用正面引导性问题

心理咨询师在提问时,暗示答案是一个肯定的回复。

例如:"刚刚你说的话题非常重要,我们一起来梳理一下,看看怎么做可以突破一点点,可以吗?"

请列出三个同类的提问问句:_____、

_____、

_____。

二、共情能力训练——镜中人

第一步：寻找一个伙伴，让对方带着内在感受做出一个肢体动作。

第二步：你仔细观察一下对方，做出同样的肢体动作，同时感受对方此时此刻的情绪状态。把你感受到的表达出来。

第三步：请第三人观察你模仿的肢体动作是否到位。

第四步：邀请做出肢体动作的伙伴回应你的表达内容，看看你是否共情到位。

第五步：对整个过程进行自我觉察和反思。

三、无条件接纳来访者的自我内观

例题：假如对方的言论是"孩子应无条件地听从父母"。

第一步：警觉到自我内在感受的变化。

我想到：_____。

我的情绪感受是：_____。

我的内在评价是：_____。

第二步：辨析出与自己"三观"的不同之处。

我认同的是：_____。

对方认同的是：_____。

第三步：选择搁置己见。

我要放下的是：_____。

第四步：带着好奇去探索来访者的故事。

我可能会提出的问题是：_____。

备选题：练习用上面的四步内观步骤去解析下列想法。

（1）现在竞争这么激烈，不给孩子做好规划，他就没法和其他孩子竞争了。

（2）让我理解孩子、接纳孩子，那不就是放纵他为所欲为吗？他要是天天玩游戏怎么办？

（3）明明是对方的错，凭什么让我来调整？

第四节 案例解析

下面，我通过实例来展示心理咨询关系的建立方法。

【场景设定】：

来访者是一位30岁男性职场人士，近期感到焦虑和压力巨大，因此进行心理咨询。以下是他和心理咨询师第一次会面的对话。

心理咨询师："你好，是××先生吗？"

来访者："是的。"（心理咨询师得到第一个"YES"。）

心理咨询师："你预约的是××点的咨询，我是你的心理咨询师，我姓×。"

来访者："哦，是的，×老师好。"（心理咨询师得到第二个"YES"。）

（心理咨询师带来访者进入咨询室。）

心理咨询师："好，这是我们的心理咨询室。请随意坐下，坐哪里都可以。"

来访者："哦，好的，谢谢。这里就行。"（心理咨询师得到第三个"YES"。）

心理咨询师："好，那我们的咨询开始？"

来访者："好的，可以。"（心理咨询师得到第四个"YES"。）

（解析：咨询关系的建立并非始于咨询室内正式咨询开始时，而是始于心理咨询师和来访者见面时。所以，心理咨询师通过正常的寒暄与接待，从来访者这里迅速得到了四次认同，已经开启了咨询关系的建立。）

心理咨询师："在开始之前，我必须得事先告知你一下，一会儿我们的咨询内容，原则上我都是要保密的，但是有两种情况我不能保密，第一，涉及违法行为，我不能保密；第二，涉及伤害你自己、伤害别人，我不能保密。"

（解析：给来访者介绍保密原则及保密例外也是建立咨询关系中安全感的重要内容，这让来访者明晰自己和心理咨询师所谈内容中哪些是肯定安全的、被保密的，哪些是不被保密的。）

来访者："哦，好的，我知道，老师。"

心理咨询师："你今天想探讨哪些方面的话题？"

（解析：在咨询过程中，心理咨询师尽可能使用中性词汇，用"话题"代替"问题"。如用"问题"可能带给来访者负性的感受。）

来访者："我……我最近感觉有点不太好，工作上的事情让我很烦心。"

心理咨询师："嗯。"

（解析：在咨询过程中，心理咨询师可以用简单的回应，如"嗯"或点头等动作让来访者知道他在认真倾听。）

来访者："其实，我不太清楚自己为什么会这么焦虑，就是感觉很紧张，有时候晚上都睡不好觉。"

心理咨询师："我听到了你的焦虑和睡眠问题，这些感受可能会影响你的日常生活。你愿意和我分享一些具体的情况吗？"

（解析：心理咨询师运用开放式提问引导来访者更详细地介绍自己的情况。）

来访者："主要是工作量大，还有和同事之间的关系不太融洽。我觉得自己总是被忽视，我的意见似乎从来没有被重视过。"

通过这个对话实例，我们可以看到，心理咨询师通过倾听、共情和专业引导，逐步与来访者建立起了信任关系。这种关系的建立是心理咨询成功的关键，它为来访者提供了一个安全的环境，使他们能够自由地表达自己的感受和想法，从而开始他们的咨询对话。

05

第五章

核心能力训练3：
警觉来访者的非语言行为

第一节　理论要点

在心理学的应用中，非语言行为扮演着不可或缺的角色，尤其是在心理咨询过程中。非语言行为以其丰富的表现形式——如本能的肢体动作、微妙的面部表情、变化的目光交流以及恰到好处的空间距离，展现着看似微不足道的细节，在心理咨询师与来访者的每一次互动中发挥着至关重要的作用。

非语言行为（nonverbal behavior）是指语言行为之外的各种行为，主要包括身势语行为、目光语行为、沉默语行为、衣着打扮、人体姿态、面部表情以及交谈时的身体距离等。这些非语言行为都可以用作交流信息、传达思想、表达感情和态度等。

非语言行为在心理咨询领域涉及多个理论，以下是其中一些主要理论：

一、梅拉比安模型

该模型由心理学家阿尔伯特·梅拉比安（Albert Mehrabian）提出，他认为在人际交流中，信息的传递受到三个因素的影响：语言、声音和面部表情。

其中，语言产生的影响只占到总影响的 7%，声音占 38%，而面部表情则占到了 55%。这个模型强调了非语言行为（尤其是面部表情）在交流中的重要性。

二、人际距离理论

该理论主要是由美国人类学家爱德华·T. 霍尔（Edward T. Hall）提出的，他研究了不同文化背景下人们交往时所保持的距离，并提出了以下四种人际距离：

（1）亲密距离　这是最为接近的交往距离，通常在 18 英寸（1 英寸 =2.54 厘米）以内。它适用于极其亲密的关系，比如父母与子女、夫妻之间和爱人间的交流。

（2）个人距离　这个距离在 18 英寸到 4 英尺（1 英尺 =30.48 厘米）之间。它适用于朋友或熟人之间的互动。在这个距离范围内，人们可以感受到对方的气息，但不触碰到对方。

（3）社会距离　社会距离为 4~12 英尺。这个距离适合一般认识的人之间的交往，如工作关系或社交活动。大部分社交活动都在此范围内进行。

（4）公共距离　公共距离从 12 英尺延伸到 25 英尺或更远。这通常用于正式场合和公共演讲，是陌生人之间、上下级之间的交往距离。

此外，人际距离还受到文化背景的影响，不同的文化对于交往时保持的距离有着各自的规范和习惯。例如，拉丁美洲人和阿拉伯人在交谈时喜欢保持比较近的距离，而亚洲人和北美人则倾向于保持较大的距离。

总的来说，了解人际距离理论有助于在人际交往中更好地把握与他人的关系，尊重他人的私人空间。这个理论探讨了个体之间在物理空间上的距离如何影响他们的关系。在心理咨询中，心理咨询师和来访者之间的身体距离可以传达出信任、亲近或疏远等不同的情感和信息。

三、体态语言理论

体态语言包括姿势、手势、面部表情和身体动作等。这些非语言行为可以传达出大量的信息，如情绪状态、自信心、兴趣等。来访者或许通过微妙的肢体语言，如避免眼神接触、交叉双臂、频繁触碰面部等，无声地传达着内心的焦虑、抵抗或不安；而另一方面，当来访者展现出放松的姿态、绽放微笑时，他们可能是在向心理咨询师传递着内心的舒适与信任。非语言行为还能够深刻揭示来访者的内心动机和需求。例如，当来访者在谈话中身体前倾，与心理咨询师保持长时间的眼神交流时，这往往是他们对话题产生浓厚兴趣，愿意深入分享个人感受的明显迹象。相反，若他们选择后退的坐姿，避免与心理咨询师进行眼神接触，则可能是他们对话题持有回避态度或不愿深入探讨的内心防御机制在起作用。若来访者在谈话过程中频繁地摆弄物品，或许暗示着他们尚未做好面对某些敏感问题的心理准备；而稳定的坐姿、平和的呼吸节奏，告诉心理咨询师他们已做好准备，愿意开始深入的对话。在心理咨询中，心理咨询师可以通过观察来访者的体态语言来更好地理解他们的内心世界。

四、艾克曼情绪理论

美国心理学家保罗·艾克曼（Paul Ekman）主要研究脸部表情辨识、情绪与人际欺骗。艾克曼提出的情绪理论指出，人类有六种基本情绪，分别是快乐、悲伤、厌恶、恐惧、惊讶和愤怒。这些基本情绪在不同国家和不同文化背景的人们中都会出现，并且会表现为相似的面部表情。艾克曼的这一理论主要来源于他对面部表情的深入研究。他通过对西方人和新几内亚原始部落居民的面部表情进行比较，发现某些基本情绪的表达在两种文化中都非常相似。他利用先进的摄影技术和微观表情分析，捕捉到人们面部表情的细微变化，从而揭示了即使是瞬间的情绪反应也遵循一定的规律。这一发现促使他进一步探索面部表情与情绪之间的关系，并开发出面部动作编码系统（FACS）来描述面部表情。FACS 系统基于人脸的解剖学特点，将面部划分为若干既相互独立又相互联系的运动单元（AU）。艾克曼和弗里森（Friesen）分析了这些运动单元的运动特征及其所控制的主要区域以及与之相关的表情，并给出了大量的照片说明。

五、心理咨询参与性技术与影响性技术

心理咨询师会运用各种非语言行为来建立与来访者的关系，并影响他们的行为和态度。这些技术包括积极倾听、目光接触、点头表示理解等。非语言行为的反馈也是咨询过程中不可或缺的一环。心理咨询师可以通过自己的非语言反应，如点头、微笑和适时的身体靠近来传达关注和鼓励，从而增强来访者的安全感和自我表露的意愿。

这些理论在心理咨询中都具有重要意义，它们帮助心理咨询师更好地理解和运用非语言行为，建立与来访者的信任关系，提高咨询效果。

第二节　咨询应用

在实践中，非语言行为的解析并非直截了当。同一肢体动作在不同的文化背景和个体经历中有着不同的解读。因此，心理咨询师需要具备敏锐的观察力和强大的共情能力，以便准确地捕捉并解读这些微妙的非语言信息。此外，非语言行为的分析应结合来访者的语言内容和其他情境信息进行综合评估以避免片面解读。在心理咨询中，心理咨询师若想提升自己对来访者非语言行为的理解，可以从以下四个维度对常见的咨询过程中的非语言行为进行观察：

一、面部表情

（1）微笑　微笑是面部表情中最为常见的一种。它可以代表友好、愉悦甚至是礼貌性的应酬。微笑时嘴角的上扬和眼睛周围的肌肉活动，能够释放出积极的情绪信号，让人显得亲切而有魅力。然而，微笑背后的真实含义并非总是那么一目了然。有时，它可能掩盖了内心的不安或疲惫，成为一种社交上的"面具"。

（2）皱眉　皱眉通常表示不满、困惑或担忧。当人们面对问题或不愉快的事物时，眉头的自然皱褶反映了人们内心的紧张和抵触。这种表情往往伴随

着注意力的集中和思考，是人们在评估情况时的常见反应。

（3）愤怒　愤怒更为直观，它涉及低垂眉毛、紧抿嘴唇和瞪大双眼。这种表情是对不公或挑战的直接回应，展示了人们准备采取行动的态度。愤怒的背后往往藏着对正义的追求和对权力的维护。

（4）惊讶　惊讶是另一种复杂的表情，它揭示了人们在遭遇意外或新事物时的心理状态。高高扬起的眉毛和张开的嘴巴，是人们对未知事物的自然反应。这种表情是对信息的快速吸收和对环境变化的敏感反应。

（5）悲伤　悲伤或许是最难以掩饰的情感。下垂的眼角、颤抖的嘴唇和整体面部肌肉的松弛，都是内心痛苦的外在表现。悲伤不仅仅是因为失去了什么，更多时候是对过去美好回忆的一种缅怀。

当来访者谈及的内容与其呈现出的情绪状态不一致时，心理咨询师要有所警觉。这背后可能隐藏了一些来访者未表达的内容。

二、肢体语言

（1）交叉双臂　交叉双臂可能表明一个人的防御态度或不愿接受他人的观点。

（2）向前倾斜的身体　这个动作体现一个人的兴趣和参与度。

（3）身体的回避或后退　这可能暗示着一个人感到不适或想要保持距离。

（4）倾斜头部的姿势　这个动作在不同情境下有着不同的解读。当人们在聆听时倾斜头部，这可能表示他们在认真听取并对所讨论的话题感兴趣。而在咨询对话过程中轻微地向后倾斜头部，可能表明来访者在评估信息或对心理咨询师所说的内容持保留态度。这种细微的变动在交流中承载着丰富的情绪变化。

（5）握紧拳头　这个动作通常与坚定或愤怒的情感相关联。

（6）"思考者"姿态　"思考者"姿态，即一腿搭在另一腿上，手托腮或抚摸下巴。这个姿势常常是深思或评估的信号，表明一个人正在积极思考或权衡观点。然而，如果这个动作过于频繁出现或持续时间过长，它也可能显示出焦虑或不耐烦。

自信的人可能会坐得相对笔直，肩膀向后拉。不自信或紧张的人可能会弯曲身体，尝试让自己显得更小。

如果一个人的双腿和双臂未交叉，通常表示他愿意交流和接受他人；相反，封闭的姿势则可能表明抵抗和不愿意沟通。

坐在椅子边缘，双脚紧靠在一起，手紧握或放在膝盖上，这些姿势通常与紧张、不安或想要快速结束对话有关。手不时地摩擦膝盖，可能是一个人在表达其内心的犹豫。

频繁调整坐姿可能意味着一个人感到不舒服或受到压力。

值得注意的是，文化差异也会影响坐姿的解读。在一些文化中，放松的腿部交叉可能是正常的休息姿势，而在另一些文化中，则可能被看作是缺乏兴趣或礼貌的行为。因此，在解读任何体态语言时，心理咨询师都需要考虑到文化背景和个人习惯。

总而言之，坐姿是一种强有力的非语言交流形式，它可以揭示个人的情绪状态、信心水平甚至于文化背景。了解和识别这些坐姿背后的含义，可以帮助我们在社交和职业环境中更加有效地沟通和互动。记住，下次当你坐下时，你的坐姿可能在无声地讲述着一个故事。

此外，心理咨询师通过观察来访者的手放在面部或身体哪个部位来理解他们的情感状态。

第一种：手抓挠身体的某个部位，体现出轻微的刺痒状态。

轻微的刺痒源于人内心的情感压抑。当我们内心感到矛盾时，不满意自己的表达时，想隐藏自己真实的意图时，身体就会出现轻微的刺痒感，如说谎时用手摸鼻子等。

第二种：手停留在身体的某个部位，体现出相对静止状态。

这样的姿态可以起到隐藏情绪或让自己平静下来的作用。有时候，来访者会用手捂嘴，这可能是在阻止自己表达什么信息。

第三种：手轻微抚摸身体的某个部位，体现出轻微的抚摸状态。

这种带有挑逗意味和引诱的动作能引起他人注意，也能起到掩饰自己想法的作用。

三、眼神交流

直接的眼神交流通常被解释为诚实和自信的标志。

逃避的眼神交流则可能被看作是隐藏或不确定的迹象。

闪烁的目光往往与不确定性或紧张情绪相关，这时候心理咨询师要考虑到来访者提供的信息是否真实，或者可能隐藏些什么。

持久而直接的眼神交流往往代表着信任与诚实，它能够在无形之间建立起一种强烈的连接感。但是，过度的目光接触则可能导致不适，被视为侵犯隐私或挑衅的行为。适度保持眼神交流，并在适当的时候避开视线，是一种既表现出兴趣又不显得过于强势的技巧。这就是心理咨询座位角度选择 90 度的重要理由。

在某些文化中，过度的眼神交流甚至被视为不礼貌或具有挑衅性，而在另一些文化里，它是坦率和自信的象征。因此，解读眼神的含义需要考虑文化背景这一关键因素。除了文化差异，个体间的差异也不容忽视。有些人天生就更加内向，可能不习惯于长时间直视。这并不一定意味着他们不可信或不友好，而仅仅是他们表达自己的方式不同。同样，有些人可能在紧张或焦虑时无法维持眼神交流，这也是人类多样性的一部分。

视线的方向不同，其中表达出的含义不同：左上方——回忆过去的信息。右上方——想象未来、捏造事实、说谎。

柔和、慈爱的眼神交流可以增强人际关系的亲密感。

四、空间距离

来访者选择坐在距离心理咨询师较近的位置，往往反映出一种寻求亲密和支持的心理状态。坐在近处可以增加眼神交流的频率，强化情感的联结，这通常意味着来访者愿意敞开心扉，渴望得到关注和理解。在这个相对私密的空间里，靠近的座位成为信任的象征，它传递出一种信号：我已准备好与你并肩作战，共同面对内心的困扰。

来访者选择坐在距离心理咨询师较远的位置是一种防御机制的体现，它可能是对即将到来的情感暴露的一种畏缩。对于那些经历过创伤或对深度心理探索持有顾虑的人来说，保持一定的物理距离就如同搭建了一道心理防线。他们可能需要更多的时间来建立信任，需要在一个相对安全的空间里逐渐展开自己的故事。

值得注意的是，座位选择并不是一个静态的决定。随着咨询过程的深入和信任的积累，原本选择远距离座位的来访者可能会逐渐向心理咨询师靠拢。这样的变化是积极的，它表明了来访者在心理上的逐步放松和开放。反观那些一开始就选择近距离的来访者，随着时间的推移，他们或许也会根据自我感觉的舒适度调整自己的位置，这同样是他们内心变化的外在表现。

此外，座位选择还能反映出来访者的人际互动模式。习惯于与人保持一定距离的来访者，在社交场合也往往更为保守和独立。而那些喜欢坐得更近的人，可能在人际关系中表现得更为依赖和需要共情。这些行为模式在咨询关系中的体现，为心理咨询师提供了宝贵的线索，帮助他们更准确地理解和支持来访者。

总之，肢体语言在心理咨询中是一个不容忽视的角色。通过对肢体语言的深刻理解和精准解读，心理咨询师可以更好地洞察来访者的心理状态，从而提供更为贴切的咨询建议。肢体语言的解析不仅增加了沟通的维度，也极大地丰富了心理学的实践应用。在语言之外，肢体的每一次细微摆动都是心灵深处的呼唤，只有细致入微地观察和倾听，心理咨询师才能真正触及那些隐藏在无声世界中的秘密。

第三节　能力训练

在心理咨询的实践过程中，心理咨询师的洞察力是至关重要的。这不仅仅包括对语言的理解，更涉及对非语言信息，尤其是肢体语言的敏锐领悟。肢体语言作为人类沟通的重要组成部分，承载着丰富的情感和潜意识信息。因此，心理咨询师通过专门的训练，可以显著提升其解读这些微妙信号的能力。

一、观察力训练

心理咨询师可选择一段影像资料观看，并分析来访者的肢体动作。例如，当来访者交叉双臂时，这可能表示他们处于防御或抵制状态；当他们轻轻触碰自己的脸或颈部时，这可能在表达来访者的不安或不诚实。通过反复观看并讨论这些录像，心理咨询师可以逐渐提高识别和解释肢体语言的精确度。

二、理论学习与模拟训练

保罗·艾克曼的情绪理论、微动作心理学、微表情心理学，可以帮助心理咨询师建立系统的知识框架，了解肢体语言背后的心理学原理，这样的知识背景将为观察提供理论支持，使心理咨询师在解读肢体语言时更加准确和深入。

心理咨询师可以参与角色扮演，模仿不同的身体语言，并尝试解读对方的情绪状态。这种互动性训练不仅增强了心理咨询师的感知能力，还提高了他们在真实情境中应用这些技能的自信。

三、咨询笔记

长期的个人自我反思也不可忽视。心理咨询师可以通过记笔记的形式记录自己在咨询过程中观察到的肢体动作，以及来访者的反应。这种自我监控的过程有助于心理咨询师意识到自己的偏见和盲点，进而提高自我修正的能力。

让我们通过一个具体案例来练习深入探讨肢体语言在心理咨询中的作用。心理咨询师可以针对个案中自己观察到的来访者的肢体动作进行记录，在复盘分析时进行细致的解析。心理咨询笔记的记录可参照以下案例模式。

假设有一名心理咨询师在为一位来访者进行心理咨询。

来访者初见心理咨询师时双手紧握成拳，肩膀紧绷，坐在椅子上身体微微前倾。

你如何解读这样的肢体动作?

1. 双手紧握成拳

这通常表示来访者存在一定的紧张、焦虑或防御心态。紧握的双手可能是在寻找一种依靠,体现出来的心理语言可能是紧张、沮丧或焦虑。在某些情况下,紧握双拳也可能是一种典型的武装姿势,表明来访者对心理咨询师或咨询环境产生了某种程度的敌意或防御。然而,这并不一定意味着来访者真的对心理咨询师有敌意,而可能是其内心焦虑或紧张不安的一种外在表现。

2. 肩膀紧绷

肩膀紧绷通常与紧张、压力或不安有关。这可能表明来访者在面对心理咨询师时感到一定的压力或不确定性。

3. 坐在椅子上身体微微前倾

身体微微前倾通常表示来访者对心理咨询师或咨询内容有一定的关注或兴趣。这种姿势可能表明来访者愿意积极参与咨询过程,并希望与心理咨询师建立更深入的联系。

综合以上解读,来访者的这些肢体动作可能表明其在面对心理咨询师时感到紧张、焦虑或有防御心态,但同时也对咨询内容有一定的关注或兴趣。心理咨询师应该敏锐地捕捉到这些非言语信息,并通过适当的沟通技巧和咨询策略来缓解来访者的紧张情绪,建立更深入的信任关系,从而更有效地开展咨询工作。

随着谈话的深入,心理咨询师注意到来访者的拳头逐渐放松,肩部也开始松弛。来访者将手放在嘴部,又挠了挠眉毛。

你又会如何解读这样的肢体动作?

1. 拳头逐渐放松和肩部松弛

这两个动作通常表示来访者的紧张情绪有所缓解,开始逐渐放松下来。

拳头放松可能意味着来访者内心的防御机制逐渐减弱,对心理咨询师的信任感增强。肩部松弛则可能表明来访者不再感到那么压抑或拘束,身体语言变得更加自然和放松。

2. 手放在嘴部

这个动作有多种含义。一方面,它可能表示来访者在思考或犹豫,手放在嘴部是一种自我安慰或思考时的习惯性动作。另一方面,根据行为心理学的研究,当一个人在说话的间隙不自觉地用手去碰自己的嘴巴,也可能表示其开始感到紧张或焦虑,甚至可能是在掩饰或撒谎。然而,在这种情况下,心理咨询师需要结合来访者的整体表现和其他非言语信息来进行综合判断。

3. 挠眉毛

挠眉毛通常不是一个特别典型的肢体动作,但可能表示来访者在思考或感到困惑。这个动作可能是一种无意识的自我安抚行为,或者是在尝试集中注意力。然而,它也可能仅仅是一个习惯性动作,没有特别的含义。

来访者会不自觉地交叉双臂,避免直接的眼神接触。

你如何解读这样的肢体动作?

1. 交叉双臂

这个动作是一种防御姿态,通常表示来访者想要保护自己,或者将自己置身于环境之外,不希望接纳某些事情。这说明来访者感到不安、紧张或有所保留。交叉双臂也可能意味着来访者对当前的话题或情境不感兴趣,或者对心理咨询师的话持怀疑态度。这种姿态可能阻碍了有效的沟通和信任的建立。

2. 避免直接的眼神接触

避免眼神接触通常与不安、紧张或缺乏自信有关,用来掩饰内心的真实情绪或意图。来访者可能感到不自在,或者担心自己的眼神会透露出内心的真实想法或感受。

来访者出现一些习惯性动作，如频繁触摸头发或耳朵。
你如何解读这样的肢体动作？

1. 频繁触摸头发

来访者内心可能存在一定的不安、紧张或焦虑。触摸头发可能是一种自我安抚或分散注意力的方式，用来缓解内心的压力和不适；也有可能是来访者在思考或回忆某些事情时，会不自觉地用手去摆弄头发。当然，在某些情况下，频繁地触摸头发也可能是一种掩饰不耐烦或不满情绪的表现。来访者可能希望通过这种方式来传达自己对心理咨询内容的不感兴趣或对会谈方向的改变。

2. 频繁触摸耳朵

触摸耳朵可能反映出其对话题的关注和兴趣，表示来访者正在倾听或思考，并试图从心理咨询师的话语中获取信息或理解。然而，在某些情况下，频繁触摸耳朵也可能是一种不安或焦虑的表现。还有一种可能性，来访者在听到某些敏感或不舒服的话题时会不自觉地用手去触摸耳朵，以此来掩饰自己的不适或尴尬。

然而，请注意，以上解读仅供参考，并不能完全代表来访者的内心想法和感受。在实际咨询过程中，心理咨询师需要综合运用各种技巧和方法来深入了解和评估来访者的心理状态和需求。

第六章

核心能力训练 4：
触达来访者内在需要的倾听技术

倾听是心理咨询工作中最主要的，也是最关键的基础技能。在一项研究中，来自全世界 36 个国家或地区的 3600 位受访者中，96% 的受访者认为自己是一个"善于倾听"的人。而在实验中，参与人员被要求仔细聆听一段 10 分钟的对话，并在对话结束后回忆自己听到的内容。结果，对话一结束，就有 50% 的人连内容复述都做不到。

第一节　理论要点

心理咨询中的倾听并非单纯的"听"，它是一种不带评判、全然接纳、主动的、全身心投入的过程。倾听，要求心理咨询师以饱满的热情和细腻的触感去捕捉来访者语言中的每一个细微变化，去洞察其语言背后的情感与需求。心理咨询师需要以一种近乎完美的耐心和定力去感知、去体会、去理解，从而建立起一种超越语言的默契与连接。在这个过程中，心理咨询师不仅需要调动自己的听觉器官，更需要调动自己全部的情感和认知资源，从而与来访者建立起一种心灵的共鸣。这种共鸣，不仅能让来访者感受到被理解、被接纳，更能激发他们内心深处的力量，促使他们自我反思、自我成长。倾听，不仅是心理咨询过程中的基本技巧，更是对生命的敬畏与尊重。

在心理学中，虽然有关倾听的理论或学派没有明确的命名和界限，但倾听作为心理咨询和人际交往中的基本技能，其理念和技巧被多个学派所重视和应用。

一、人本主义学派

在人本主义心理学中，倾听被赋予了极其重要的地位，它是人本主义心理咨询和治疗过程中的核心技巧之一。以下是对人本主义中倾听理论的详细阐述：

1. 倾听的基本原则

以来访者为中心：人本主义学派强调一切治疗活动都应以来访者为中心，倾听也不例外。心理咨询师（或治疗师）需要无条件地积极关怀来访者，将焦点放在来访者的内心世界和需求上，而不是自己的主观判断和想法上。

共情：共情是人本主义倾听的核心要素之一。心理咨询师需要通过倾听来感受和理解来访者的情感、思想和行为，仿佛置身于来访者的私人世界之中，但又保持一定的客观性和专业性。这种共情不仅有助于建立信任关系，还能帮助来访者更好地认识自己。

2. 倾听的具体技巧

全神贯注：心理咨询师在倾听时需要保持全神贯注的状态，不打断来访者的发言，不分散注意力，从而确保能够准确捕捉到来访者的语言信息和非语言线索。

积极反馈：在倾听过程中，心理咨询师可以通过点头、微笑、简短的肯定语句等方式给予来访者积极反馈，让来访者感受到被关注和理解。这种反馈有助于增强来访者的表达欲望和信任感。

理解并回应：心理咨询师需要努力理解来访者的语言信息和非语言线索

所表达的情感、思想和需求，并适时地给予回应。回应可以是简单的复述、概括或提问，以便帮助来访者澄清自己的想法和感受。

3. 倾听的意义和作用

建立信任关系：倾听是建立咨询关系的重要基础。通过倾听，心理咨询师能够向来访者传达出尊重、理解和关怀的信息，从而增强来访者对心理咨询师的信任感。这种信任关系是咨询和治疗过程得以顺利进行的前提。

促进自我认识：倾听有助于来访者更好地认识自己。在心理咨询师的引导下，来访者能够深入探索自己的内心世界，发现自己的潜在需求和冲突。这种自我认识的过程对来访者的成长和发展具有重要意义。

激发改变动力：当来访者感受到被理解和接纳时，他们更容易产生改变的动力和勇气。心理咨询师通过倾听来鼓励和支持来访者面对自己的问题和挑战，帮助他们找到解决问题的方法并付诸实践。

在人本主义心理学中，倾听被视为一种重要的治疗技术和沟通方式。它要求心理咨询师以来访者为中心、保持共情态度、运用具体技巧来全神贯注地倾听来访者的内心世界。通过倾听，心理咨询师能够建立信任关系、促进来访者的自我认识并激发其改变动力。这些作用共同构成了人本主义倾听在心理咨询和治疗中的独特价值。

二、认知行为疗法

虽然认知行为疗法（CBT）对倾听的理论阐述不直接聚焦于"倾听"这一具体技能，但 CBT 的整体框架和原则都揭示了倾听在心理治疗过程中的重要性。以下是从 CBT 角度对倾听的理论阐述：

1. 倾听在 CBT 中的基础地位

建立信任关系：CBT 的治疗过程始于心理咨询师与来访者建立信任关系。这一关系的建立很大程度上依赖于心理咨询师对来访者的倾听。通过倾听，心理咨询师能够展现对来访者问题的关注和理解，从而建立起一个安全、无评判的环境。

收集信息：倾听是 CBT 心理咨询师收集来访者信息的重要手段。通过倾听来访者的叙述，心理咨询师能够全面了解其问题背景、症状表现、思维模式和行为模式等，为后续治疗计划的制订提供依据。

2. CBT 中的倾听技巧

主动倾听：CBT 心理咨询师在倾听过程中需要保持主动，不仅要听到来访者说的话，还要理解其背后的情感和需求。这要求心理咨询师具备高度的专注力和同理心。

反馈与澄清：在倾听过程中，心理咨询师会适时地给予反馈和澄清，以便确保对来访者问题的准确理解。这种互动有助于加深心理咨询师对来访者问题的认识，并促进来访者的自我反思。

非评判性倾听：CBT 强调非评判性的倾听态度。心理咨询师在倾听过程中应避免对来访者的观点和行为进行评判或指责，要以一种开放、接纳的态度去理解其经历和感受。

3. 倾听在 CBT 治疗中的作用

促进情绪释放：倾听为来访者提供了一个表达情感和释放压力的平台。在心理咨询师的倾听下，来访者能够更自由地表达自己的感受和想法，从而减轻心理负担。

增强自我认知：通过倾听和反馈，CBT 帮助来访者更清晰地认识自己的思维模式和行为模式。这种自我认知的增强有助于来访者发现问题的根源，并探索解决问题的途径。

促进治疗进展：倾听是 CBT 治疗过程中的关键环节。通过倾听，心理咨询师能够了解来访者的需求和期望，从而制订出更具针对性的治疗计划。同时，倾听也有助于心理咨询师与来访者建立合作关系，促进治疗进展。

认知行为疗法中的倾听不仅仅是耳朵在工作，更是心理咨询师与来访者建立信任、收集信息、促进情感释放和自我认知的重要手段。通过倾听，心理咨询师能够帮助来访者更好地认识自己、理解问题，并找到解决问题的途径。因此，在 CBT 的治疗过程中，倾听具有不可替代的重要作用。

三、心理动力学 / 精神分析学派

心理动力学 / 精神分析学派对倾听的理论阐述深刻而复杂，这一学派强调倾听在治疗过程中的核心地位，认为倾听不仅仅是信息的接收，更是心理咨询师与来访者之间深层心理互动的桥梁，但其更侧重于对潜意识内容的探索和解释。以下是对该心理学派倾听理论的具体阐述：

1. 倾听的基本理念

深层参与：在精神分析治疗中，倾听绝非被动地接收信息，而是一种深层的参与。心理咨询师通过倾听，在语言和沉默中追踪潜意识的线索，透视来访者的心理。这种参与性倾听有助于心理咨询师更好地理解来访者的内心世界，并为其提供适当的心理支持。

心理位态的敏锐捕捉：分析性倾听要求心理咨询师对来访者的心理位态保持敏锐的捕捉。这包括对来访者语言中的微妙变化、非语言信息的解读，以及对其情感状态的准确把握。通过这种敏锐的捕捉，心理咨询师能够更全面地理解来访者的心理需求，从而提供更加精准的治疗。

涵容与重构：来访者在治疗中分享的思绪和感受是一种需要被涵容的原始材料。心理咨询师通过倾听这些材料，并以心智化的方式重构和理解它们，进而为来访者提供一个心理加工的空间。这个过程有助于来访者更好地理解和整合自己的经验，促进其心理成长和发展。

2. 倾听的具体技巧

无欲无忆：比昂提出的"无欲无忆"是精神分析过程中倾听的一种理想状态。它要求心理咨询师在倾听过程中保持无欲无求的心态，不将自己的主观意愿和偏见带入到治疗中来。同时，心理咨询师还需要忘记过去的经验和知识框架，以便更加开放地接受和理解来访者的内心世界。

同等水平的关注：心理动力学中的倾听强调对来访者自由联想的各部分内容保持同等水平的关注。这意味着心理咨询师在倾听过程中不应试图引导来访者的谈话方向，也不应对某些内容给予过多的关注或忽视。这种无偏见的倾听有助于心理咨询师更全面地了解来访者的心理状况。

理解与共鸣：心理咨询师在倾听过程中需要努力理解来访者的情感和需求，并与其产生共鸣。这种共鸣不仅有助于心理咨询师与来访者建立信任关系，还能增强来访者的表达欲望和治疗效果。

3. 倾听的运用

自由联想：在精神分析过程中，心理咨询师会鼓励来访者进行自由联想，即不加限制地表达自己的想法和感受。心理咨询师需要全神贯注地接收这些信息，并尝试从中发现潜在的心理冲突和问题。

移情与反移情：在倾听过程中，心理咨询师还需要关注来访者对自己的情感投射（移情）以及自己对来访者的情感反应（反移情），以便更好地理解来访者的内心世界和咨询关系。

4. 倾听的作用与意义

建立信任关系：倾听是心理咨询师与来访者建立信任关系的重要基础。通过倾听，心理咨询师能够向来访者传达出尊重、理解和关怀的信息，从而建立起一个安全、无评判的治疗环境。这种信任关系有助于来访者更加开放地表达自己的内心世界，促进治疗的深入进行。

促进自我认识：倾听有助于来访者更好地认识自己。在心理咨询师的引导下，来访者能够深入探索自己的内心世界，发现自己的潜在需求和冲突。这种自我认识的过程对于来访者的心理成长和发展具有重要意义。

引导治疗方向：倾听还是心理咨询师引导治疗方向的重要手段。通过倾听来访者的叙述和反馈，心理咨询师能够及时调整治疗计划和方法，确保治疗过程更加符合来访者的实际需求和状况。这种灵活性和针对性有助于提高治疗效果和满意度。

心理动力学 / 精神分析学派对倾听的理论阐述强调了倾听在治疗过程中的核心地位和作用。通过深层参与、心理位态的敏锐捕捉、涵容与重构等具体技巧的运用，心理咨询师能够建立起与来访者之间的信任关系、促进其自我认识并引导治疗方向的发展。

四、精确倾听理论

在心理咨询的实践中，精确倾听的运用需要心理咨询师具备高度的敏感性和洞察力。当来访者开始叙述时，心理咨询师需要全神贯注，捕捉每一个细微的情感波动、每一个非语言的暗示。这些可能是一个微妙的语气变化、一个不经意的眼神闪烁或一个短暂的停顿。这些看似微不足道的细节，却往往蕴含着丰富的情感信息，是来访者内心世界的真实写照。

例如，当来访者在描述一段痛苦的经历时，心理咨询师可能会注意到其声音的颤抖。这种颤抖不仅仅是生理反应，更是内心深处痛苦情绪的映射。心理咨询师需要敏锐地捕捉到这一点，并通过温柔的话语和理解的目光给予来访者情感上的支持和安抚。

此外，精确倾听还包括对来访者语言中的矛盾和不一致之处的敏锐觉察。这些矛盾和不一致可能是来访者内心冲突的体现，也可能是其自我认知的盲点。心理咨询师需要耐心地引导来访者深入探索这些矛盾，帮助其发现问题的根源，从而实现自我成长和改变。

五、情绪倾听理论

情绪倾听理论是一种充满人情味与深刻洞察力的心理咨询方法，其核心理念在于全神贯注地捕捉、理解和反馈来访者的情绪体验。在心理咨询的实践中，这一理论将倾听提升至了一个全新的高度——倾听不仅仅是对语言的解读，更是对情感的洞察与回应。情绪倾听理论认为，人的情绪是复杂多变的，它们如同色彩斑斓的画卷，交织着喜怒哀乐，蕴含着丰富的心理信息。因此，心理咨询师在倾听时需要以一种细腻而敏感的方式，去捕捉来访者言辞背后的情感色彩，去感知其内心的波动与起伏。

在运用情绪倾听理论时，心理咨询师会采用一系列富有情感共鸣的倾听技巧。他们会用充满同理心的目光和温暖的话语，给予来访者情感上的支持与安抚。当来访者流露出悲伤或愤怒时，心理咨询师会耐心地倾听，并通过反射性倾听的方式将来访者的情感体验反馈给他们，使其感受到自己的情感得到了认可和理解。

同时，情绪倾听理论也强调心理咨询师对来访者情绪体验的深入探索。心理咨询师会运用开放性问题，引导来访者深入剖析自己的情绪体验，从而发现其背后隐藏的心理需求和问题。这种深入探索的过程，不仅有助于心理咨询师与来访者建立更加信任的关系，还能促进来访者进行自我认知和自我成长。在心理咨询实践中，情绪倾听理论的运用往往能够取得显著的效果。当来访者感受到自己的情感得到了真正的理解和接纳时，他们往往会感到一种前所未有的轻松和释放。这种情感的释放，不仅能够缓解他们的心理压力，还能激发他们内在的力量和勇气去面对和解决自己的问题。

第二节 咨询应用

一、倾听的三个层次

在实际心理咨询工作中，倾听一般体现为三个层次：

表层倾听：表层倾听是指在来访者话语内容的基础上对其情感色彩、表达方式和背后所蕴藏故事的初步洞察。心理咨询师需以细致入微的观察力，捕捉来访者所说的每一个字、所发出的每一个音调中携带的信息。

深入倾听：深入倾听不仅要求心理咨询师敏锐地捕捉话外之音、言外之意，还需心理咨询师洞察来访者的非语言线索，那些微妙的语调变化、不经意的停顿、频繁的重复都可能隐藏着来访者内心深处的波澜与挣扎。

同理心倾听：倾听的最高境界莫过于同理心倾听。在这一层次上，心理咨询师不仅理解了来访者所要表达的内容，更能感同身受地体验他们的内心世界，让来访者感受到一种前所未有的理解与共鸣。

二、四种倾听技术

在心理咨询师的基本训练中，四种倾听技术是最核心的基础。因此，心理咨询师不仅要知道这四种倾听技术，还要深入体会这些技术背后的目的，以及学会在咨询实践中灵活应用它们。

这四种倾听技术主要包括澄清、释义（内容反应）、反映（情感反映）、总结。

我们先看一个例子，感受一下这四种技术的运用。

来访者："我……我感觉自己好像快要崩溃了。工作上的事情让我喘不过气来，每天像打仗一样，但回到家，我却感到一种说不出的空虚。还有，我和妻子的关系也越来越糟糕。我们经常因为一些小事争吵，我知道这对她很不公平，但我真的控制不住自己的情绪。我发现自己越来越容易生气，一点小事就能让我爆发。我很害怕。"

心理咨询师进行澄清："害怕？你指的是对哪方面的害怕？"

心理咨询师进行释义："你是说你感觉自己快要崩溃了，工作压力很大，夫妻关系也比较紧张，还担心自己的情绪控制不了。"

心理咨询师进行反映："面临多重的状况，你感觉自己快撑不住了，目前觉得非常害怕。"

心理咨询师进行总结："在你刚刚的表达中，我听到了三个维度的内容：第一，目前的工作让你感觉压力比较大，都快喘不上气了；第二，目前的夫妻关系也比较紧张，但又无法控制自己的情绪，觉得对妻子不公平；第三，我看到你目前在努力寻求解决办法，你知道自己快崩溃了，也感觉很害怕。包括你今天来到这里，我想你也是希望能改变一下当前的状态。"

通过这个案例，我们可以感知到面对来访者的表达，心理咨询师可以从不同的维度运用不同的技术进行回应。这其中不存在哪个技术是正确的，哪个技术是错误的。心理咨询师的不同回应会陪伴来访者朝不同方向探索。

下面将详细介绍倾听的这四种基本技术在心理咨询实践中的应用。

1. 为准确而倾听：澄清

口语表达与书面语言不同，口语会更加随意，通常具有较强的即时性和互动性，也可能较为碎片化，思路更跳跃，因此就容易出现信息模糊和易于混淆的现象。同时，来访者有不想直接表达的内容，会采用比较隐晦的方式。如果心理咨询师不能非常确定来访者所表达的含义，就需要运用澄清技术来提问。

澄清是在来访者的表达中出现模糊信息后，向来访者提出问题的过程。心理咨询师经常会运用"你是说……""你的意思是……"或"你正在说的是……"此类问句开始提问，然后适当重复来访者谈及的内容。

澄清技术在心理咨询实践中主要的作用有三个：

（1）面对来访者含糊不清的内容，使来访者表达的信息更加清楚。更为重要的是，确认心理咨询师对来访者信息的知觉的准确性，避免心理咨询师对来访者表达的信息产生误解和混淆，确保对问题的理解和解读是准确的。这对于后续的咨询过程至关重要。

（2）通过澄清将模糊不清的信息转化为清楚、具体、明确的信息，来访者和心理咨询师都能更清晰地理解问题的本质，明确问题，放大问题的核心点，精确定位靶向目标，有助于和来访者确定方向标准，从而更有效地解决问题。这为下一步的咨询做好准备工作。

（3）澄清技术还可以用于确认来访者的语言和非语言信息的内容，特别是那些含糊或混淆的信息，确保咨询过程中的信息交流是准确无误的。

心理咨询师若想提高自己的澄清技术，可以进行专项的刻意练习。下面，我结合具体的咨询事例来向大家阐述澄清技术的四个训练步骤。

来访者："我发现自己越来越容易生气，一点小事就能让我暴跳如雷。我很害怕。"

心理咨询师的内部自我觉观：

第一步：来访者讲述了什么信息（包括语言信息和非语言信息）？

他发现自己情绪不稳定，容易生气和爆发，自己感觉很害怕。

第二步：来访者的表达中是否存在需要明确的部分？如果有，是什么？

有，他害怕什么？需要了解清楚"害怕"的内涵或内容是什么？

第三步：我可以选择用什么样的问题开始澄清？

例如："你害怕什么？"

"对于害怕，你可以多说一点儿吗？"

"我不确定你说的害怕是指什么。"

第四步：我如何知道此刻应用澄清技术是有效的？

观察来访者的回应，包括语言、动作，看看来访者是如何解释和澄清相关内容的。

以上四步都是心理咨询师内在的自我觉观，虽然用文字方式表达出来让我们感觉比较复杂，但是在思维过程中，这就是一刹那的经历。如果心理咨询师经常进行自我训练，会发现这个过程就在一念之间完成了。心理咨询师经历这个步骤后可能就会开展如下对话：

心理咨询师："我不确定你说的害怕是指什么。"

来访者："我害怕自己控制不了情绪的时候会伤害到妻子。上次我就不受控制地顺手抄起杯子扔了出去。"

从来访者的回应中我们可以看到澄清是非常必要的。来访者害怕的不是自己情绪的波动和爆发，不是自己目前情绪状态的不稳定，也不是当前引发自己情绪变化的场景和事件，而是自己因为情绪爆发而去伤害妻子。

2. 为理解而倾听：释义（内容反应）、反映（情感反映）

释义（内容反应）是指心理咨询师有选择地对来访者表达的内容进行再反馈和解释。释义不是简单地重复来访者表达的内容，而是心理咨询师有选择性地、有技巧地、小心谨慎地选择用词、用句对来访者表达的内容进行再加工，并以自己的语言再反馈给来访者，引发来访者对相关信息进行关注，或者引发来访者对表达中的相关方向进行探讨和反思。

让我们看一段心理咨询中释义技术应用的对话案例，感受一下释义技术的作用。

心理咨询师："你似乎有些不开心，能和我分享一下是什么让你感到不舒服吗？"

来访者："我最近总是感觉特别焦虑，好像有什么事情要发生，但又说不清楚具体是什么。"

心理咨询师："你感到焦虑，但不太确定是什么引发了焦虑。"（释义技术的应用。）

来访者："对，就是这样。我觉得自己的生活很混乱，好像一切都失去了控制。"

心理咨询师："你感到生活失去了控制，这种不确定性和无力感让你更加焦虑。"（进一步释义。）

来访者："嗯，是的。我觉得很无助，不知道该怎么办。"

心理咨询师："无助感加上对未来的不确定性，这些感觉混合在一起，让你的焦虑感更加强烈。"（释义技术的深化。）

在这个对话中，心理咨询师使用了释义技术来澄清和深化来访者的感受。通过对来访者的话语进行反馈和解释，心理咨询师帮助来访者更清晰地认识到自己的焦虑情绪和它的来源。这种理解有助于来访者开始寻找解决问题的方法，比如通过制定目标、寻找支持或学习应对焦虑的技巧。同时，这也为心理咨询师提供了进一步咨询的方向。

释义（内容反应）技术在心理咨询实践中的四个作用：

（1）确认理解　释义技术帮助心理咨询师确认自己是否准确理解了来访者所表达的信息。通过将来访者的内容反馈给他们，心理咨询师可以检查自己的理解是否与来访者的意图一致。

（2）增强沟通　释义技术有助于增强心理咨询师和来访者之间的沟通。当心理咨询师将来访者表达的内容反馈给他们时，这实际上是一种确认和共鸣的表现，这可以让来访者感到被理解和被关注。

（3）提供反馈　释义技术也为来访者提供了反馈的机会。当心理咨询师将来访者表达的内容反馈给他们时，这可以让来访者有机会再次审视和思考自己表达的内容，从而可能引发更深层次的自我探索和觉察。

（4）促进自我认知　释义技术也有助于促进来访者的自我认知。通过听到心理咨询师对自己表达的内容的反馈和解释，来访者可能会对自己有更深入的了解，从而有助于他们更好地应对自己的问题和挑战。

许多新手心理咨询师对于释义技术的应用经常会觉得有点儿无从下手，把握不好释义的时机，或者不确定自己在释义过程中选择的用词及表达方式是否合适，或者经常在实践中容易混淆释义技术和反映技术。针对释义技术，新手心理咨询师可以进行专项的刻意练习，下面将结合具体的咨询事例来向大家阐述释义技术的四个训练步骤。

来访者："我感觉自己好像快要崩溃了。工作上的事情让我身心疲惫，但回到家，我却感到一种说不出的空虚。还有，我和妻子的关系也越来越糟糕。我们经常因为一些小事争吵，我知道这对她很不公平，但我真的控制不住自己的情绪。我发现自己越来越容易生气，一点小事就能让我爆发。我很害怕。"

心理咨询师的内部自我觉观：

第一步：来访者阐述了哪些信息？人物、事件、想法、情景分别都是什么？

工作时他感觉自己快崩溃了，回家又感到空虚，与妻子关系不好，自己情绪也不受控制，因此感到害怕。

第二步：适合使用什么方式开始表达？

一般常用的开启语句是："你认为……""我听到你说……""它听起来好

像……""在你的表达里，我注意到……"等。

第三步：怎样在不偏离来访者信息的基础上，用心理咨询师的语言表述，需要用什么恰当的词替代、诠释？

心理咨询师要确定是否在不偏离来访者本意的基础上，用正向的、程度较轻的、重点突出的、着重提示的词语和语句来替换来访者的用词。使用不同的词语就会产生不同的侧重点，其目的是缓解来访者的不良状态或者引发来访者形成新思考的可能性。这部分内容不容易学习，也无法用固定的模式呈现，更多的是心理咨询师在大量的实践中，依据个人的观察和揣摩，逐渐形成的自然反应能力。

例如，针对上面来访者表述的内容，心理咨询师可以尝试从不同的维度进行回应。

维度一：工作。

心理咨询师："我听到你说工作让你感觉压力挺大，但回家后又觉得空虚。这似乎有些看起来不一致，但又十分合理。"

维度二：夫妻关系。

心理咨询师："你认为目前的夫妻关系比较糟糕，自己又无法控制情绪，经常因为一些小事吵架、发火，其实你也知道这样的状态对妻子而言不公平。"

维度三：个人情绪状态。

心理咨询师："在你的表达里，我注意到你觉得自己快崩溃了，并且控制不了自己的情绪，很害怕。"

维度四：整体状态 = 工作 + 夫妻关系 + 个人情绪。

心理咨询师："在你的表达里，我注意到你觉得自己快崩溃了，很害怕。工作、夫妻关系和自己的情绪方面都出现了一些状况。"

这四个维度不存在优劣顺序，更为关键的是要看在咨询过程，心理咨询师可以选择合适的维度进行表达。

第四步：通过来访者的反应，确定释义的效果。

注意倾听来访者是否认同心理咨询师的表达。

通过上述的心理咨询师内在的自我觉观，心理咨询师可以根据实际咨询的情景进行释义。

心理咨询师："听起来你目前的状况不太好，情绪上觉得快崩溃了，工作、夫妻关系也都出现一些状况，而且尤其感觉自己的情绪不受控制，经常发火，因此有些害怕了。"

来访者："是的，我真怕自己不受控制。尤其是我自己的脾气方面，我真怕自己失控动手。"

通过心理咨询师的释义，来访者关注到自己目前最重要的问题是情绪失控导致暴力。因此，心理咨询师和来访者就可以开展进一步的探索和寻求解决办法。

谈完释义（内容反应），我们再来了解一下容易与其混淆不清的反映（情感反映）。反映（情感反映）是指心理咨询师把来访者所陈述的有关情绪、情感的主要内容经过概括、综合与整理，用自己的话反馈给来访者，以便达到加强对来访者情绪、情感的理解。这种技术有助于帮助咨询者更好地理解自己的感受和情绪状态。

虽然情感反映技术表面看与内容反应技术很相近，都是心理咨询师将来访者陈述的内容进行综合后再做出反馈，但有所区别。释义（内容反应）着重于来访者表达内容的反馈，而反映（情感反映）则着重于来访者的情绪反应。

来访者："我和男朋友已经相爱半年了，可我的父母不赞同，反对我找个离异的。我很苦恼，不知怎么办才好？"

心理咨询师（内容反应）："你认为你和男朋友彼此相爱，可父母认为对方结过婚不好，反对你们，是这样吗？"

心理咨询师（情感反映）："你父母不同意你找个有过婚姻经历的男人，你很痛苦，也很茫然，是这样吗？"

一般来说，内容反应与情感反映是同时的。经常会结合在一起使用。

心理咨询师（内容反应＋情感反映）："你认为你和男朋友彼此相爱，可父母认为对方结过婚不好，反对你们。你感觉很痛苦，也很茫然，是这样吗？"

反映（情感反映）在心理咨询实践中主要有四个作用。第一，鼓励来访者表达出更多的（积极的或消极的）情绪感受，让他们能够表达和释放压抑的情绪。第二，通过心理咨询师的情感反映，来访者可以更深入地理解自己的情绪和感受，从而有助于自我认知的提升。第三，心理咨询师可以通过情感反映来验证自己对来访者情感状态的理解是否准确。更重要的是，情感反映技术协助来访者觉察和接纳自己的感觉，有助于提高自我觉察的能力，也会有助于来访者学会管理和调节自己的情绪。

针对情感反映技术，新手心理咨询师可以进行专项的刻意练习，下面将结合具体的咨询事例来向大家阐述情感反映技术的六个训练步骤。

来访者："我感觉自己好像快要崩溃了。工作上的事情让我身心疲惫，但回到家，我却感到一种说不出的空虚。还有，我和妻子的关系也越来越糟糕。我们经常因为一些小事争吵，我知道这对她很不公平，但我真的控制不住自己的情绪。我发现自己越来越容易生气，一点小事就能让我爆发。我很害怕。"

心理咨询师的内部自我觉观：

第一步：来访者阐述的信息中用到了哪些与情感相关的词？

来访者阐述的信息中用到的与情感相关的词：崩溃，身心疲惫，空虚，生气，害怕。

第二步：来访者的非语言行为呈现了什么样的感受？

心理咨询师观察到来访者在表述时双手握拳，有时还会稍用力。来访者在说话时语速稍快。心理咨询师感觉到来访者一方面在努力控制自己，另一方面也有急迫、无助又迷茫的感觉。

第三步：在不偏离来访者感受的基础上，选用什么样的情感词汇能准确描述来访者的感受。

心理咨询师可选用担忧、害怕、迷茫、急迫来描述上面案例中来访者的感受。

第四步：选用合适的语句进行回应表达。

例如："看起来 / 听起来你似乎……""确实，这样的境况太……""你现在感到……""能感受到，你此时此刻的……""我有种感觉，你似乎……"

在实践应用时，如果心理咨询师对来访者的情感状态和程度非常肯定以及确定，就可以用比较坚定的语句表达，如"这种情况太纠结了"。如果心理咨询师想更稳妥一些，就可以使用"好像""似乎""可能"这类模糊的表达。

第五步：选择是否与内容反应技术结合应用。

情感反映和内容反应经常会结合在一起使用，因为在表达情感时也需要描述情感发生时的情景，对情景的表达就需要使用内容反应技术。例如："看来近期的工作、夫妻关系和自己情绪状态的叠加，让你感觉快崩溃了，也很害怕。"

第六步：通过来访者的反应，确定释义的效果。

注意观察和倾听来访者是否认同心理咨询师的表达。如果来访者认同心理咨询师的表达，经常会给予肯定的回应，如"是的，就是这样""嗯""对的"或者频繁点头等。

通过上述的心理咨询师内在的自我觉观，心理咨询师可以根据实际咨询的情景进行反映（情感反映）。此时，心理咨询师需要考虑咨询中的实际情况，可以进行简洁的反映，也可以进行深度共情的精细反映。

心理咨询师："这么多状况纠缠在一起，又觉得要控制不住自己的情绪了，能不害怕吗？"

来访者："是的，我真怕自己绷不住了。尤其是我自己的脾气方面，我真怕什么时候控制不了就动手了。"

如果加入深度共情，心理咨询师就可能用更丰富的内容进行反映。

心理咨询师："真的感觉到你这段时间过得太不容易了，这么多状况叠加在一起。工作的强度很大，你要打起全部的精神去应对，这样一来下班后就感觉被抽空了一样，又有点儿不知道该做什么的空虚感。更何况回家后，你情绪也不好，经常因为小事和妻子争吵，心里面明明知道是自己的问题，这样发脾气对妻子不公平，但是自己有时候又无法控制住自己，真是挺难受的。更何况目前还不知道怎么应对这样的状况，真是挺担忧的，更害怕不知后面会怎样发展。"

来访者："是的，你说得太对了，就是这样，太难受了，我真怕自己绷不住了，又不知道该怎么办。我很想能快点儿从这里走出来，不然哪天没绷住，我都担心自己会对妻子动手。"

通过心理咨询师的反映，来访者感受到心理咨询师非常理解自己当下的状态，建立了更为信任的良好的咨询关系，从而愿意和心理咨询师进行更深一步的探索和寻求解决办法。在心理咨询中，情感反映是用于传达共情的主要工具。

3. 为主题而倾听：总结

总结是指心理咨询师通过内容反应或情感反映来概述来访者的信息。总结技术不仅可以在心理咨询结束的时候使用，可以在心理咨询开始后的几分钟应用，还可以在心理咨询过程中应用，主要是要考虑心理咨询的需求和总结的目的。心理咨询师通过总结把来访者讲述的信息中的多个元素连接在一起，确定一个共同的主题或模式，打断多余的陈述，回顾整个心理咨询过程。

当心理咨询进行一段时间后，来访者非常在意或重视的主题很可能会被多次提及，而且来访者自己的行为、表达、沟通、信念等模式也会呈现出来。此时，心理咨询师会提高警觉并发现来访者反复强调的信息里可能会暗示的某个主题或呈现出的某些模式。所以，在这种时机下，心理咨询师会采用总结的方式确认来访者想要表达的主题或呈现的模式，这是在心理咨询中应当给予关注的地方。总结需要心理咨询师非常专注地倾听来访者的信息，有时候需要回忆起过去几次心理咨询中的主题或模式，甚至时间跨度可能是几个月。针对总结技术，新手心理咨询师可以进行专项的刻意练习，下面将结合具体的咨询事例来向大家阐述总结技术的三个训练步骤。

来访者："我感觉自己好像快要崩溃了。工作上的事情让我身心疲惫，但回到家，我却感到一种说不出的空虚。还有，我和妻子的关系也越来越糟糕。我们经常因为一些小事争吵，我知道这对她很不公平，但我真的控制不住自己的情绪。我发现自己越来越容易生气，一点小事就能让我爆发。我很害怕。"

……（此处省略部分咨询过程。）

来访者："现在我每天都在努力地控制自己，但不知道什么时候就扛不住了。而且，我觉得自己也变得敏感了，周围人的反应特别容易激发出我的情绪，哪怕是一句话、一个动作或者一个表情都可能让我愤怒，我得使劲地压住自己。"

心理咨询师的内部自我觉观：

第一步：来访者今天和以往对我讲述了些什么信息？这些信息包含的关键内容和关键情感是什么？

关键内容：工作、夫妻关系和自我情绪都出现状况，目前在努力控制自己。

关键情感：情绪不稳定，易被激怒，担心崩溃。

第二步：来访者今天和以往反复强调的是什么？其中呈现的模式和展现的主题是什么？

反复强调：在努力控制情绪和担忧情绪崩溃之间拉扯。

主题：担心情绪崩溃。

第三步：确定总结技术的有效性？

观察心理咨询师总结后来访者反馈的语言信息和非语言信息。如果来访者认同心理咨询师则会给予肯定的回应，或者在心理咨询师引导和启发下去积极探索；反之则会提出不同异议。

通过上述的心理咨询师内在的自我觉观，心理咨询师可以根据实际咨询的情景进行总结并用提问引发来访者思考心理咨询的方向。

心理咨询师："看得出来，你这段时间一直在努力，努力控制自己，努力不让自己崩溃。尽管在工作上、夫妻关系上还有着难以应对的情况，但是你能清晰地觉察到自己的状态，知道自己的情绪不稳定，容易被激怒，也担忧自己崩溃。那么，接下来，你期待我们谈些什么能对改变你当前的情况更有助力呢？"

第三节　能力训练

一、澄清技术练习

根据澄清技术的四个训练步骤，逐步解析案例内容。

来访者：（眉头紧锁，双手握紧或互相摩擦）"我最近总是感觉压力很大，晚上经常失眠，我觉得可能是因为工作太忙了，但又不确定是不是还有其他原因……"

心理咨询师的内部自我觉观：

第一步：来访者讲述了什么信息（包括语言信息和非语言信息）？

_____

_____

第二步：来访者的表达中是否存在需要明确的部分？如果有，是什么？

_____

_____

第三步：我可以选择用什么样的问题开始澄清？

例如：

_____

_____

第四步：我如何知道此刻应用澄清技术是有效的？

_____

_____

心理咨询师的澄清（开展对话）：

_____

_____

对于下列来访者的表达，如果你是心理咨询师，还可以在哪些维度进行澄清：

来访者："我最近对很多事情都失去了兴趣，是不是抑郁了？"

澄清反应一："你能具体说一说是对哪些事情失去了兴趣吗？这种感觉持续多久了？"

澄清反应二：_____

来访者："我觉得我很孤独，但周围人都说我有很多朋友。"

澄清反应一："你能谈一谈为什么即便身边有很多朋友，你还是会感到孤独吗？有哪些具体的情况让你有这样的感觉？"

澄清反应二：_____

来访者:"我有时候会突然发火,事后又后悔,但我控制不住自己。"

澄清反应一:"能具体描述一下让你突然发火的情境吗?发火之前你有没有察觉到一些身体或情绪上的变化?"

澄清反应二:_____

_____

来访者:"我觉得自己很失败,什么都做不好。"

澄清反应一:"你能举几个例子来说明为什么你会有这样的感觉吗?有没有哪些方面是你觉得自己做得不错的?"

澄清反应二:_____

_____

来访者:"我经常晚上睡不着,白天又很累,但我不知道为什么。"

澄清反应一:"晚上睡不着的时候,你的思绪主要集中在哪些方面?有没有什么特定的事情让你感到焦虑或不安?"

澄清反应二:_____

_____

二、释义技术练习

根据释义技术的四个训练步骤,逐步解析案例内容。

来访者:"我最近总是做噩梦,梦里都是一些很可怕的事情,比如被追赶、掉入深渊之类的。醒来后我就感觉心跳加速、一身冷汗,好久都缓不过来。这种情况已经持续了好几周,我担心自己是不是有什么心理问题。"

心理咨询师的内部自我觉观:

第一步:来访者阐述了哪些信息?人物、事件、想法、情景分别都是什么?

_____

_____

第二步：适合使用什么方式开始表达？

_____

_____

第三步：怎样在不偏离来访者信息的基础上，用心理咨询师的语言表述，需要用什么恰当的词替代、诠释？

_____

_____

第四步：通过来访者的反应，确定释义的效果。

_____

_____

心理咨询师的释义（开展对话）：

_____

_____

继续尝试运用释义技术回应下列来访者的表达。

来访者一："我最近和伴侣的关系变得很奇怪，我们总是为一些小事争吵，我感觉他不再像以前那样关心我了。每次吵架后，我都会想很多，是不是我做错了什么，或者他已经对我失去了兴趣。这种感觉真的很痛苦，我不知道该怎么办。"

心理咨询师的释义（开展对话）：

_____

_____

来访者二："我最近在工作中遇到了一些挫折，一个很重要的项目没有成功，我感觉非常沮丧和自责。同事们似乎都在背后议论我，我觉得他们肯定认为我是个失败者。我开始避免和他们交流，甚至有时候连去上班都觉得是种煎熬。"

心理咨询师的释义（开展对话）：

_____

_____

来访者三："我最近和最好的朋友发生了争执，她说了一些很伤人的话，让我觉得自己被背叛了。我一直把她当作最亲密的人，但现在我不知道还能不能信任她。每次想起这件事，我就觉得心里堵得慌，连吃饭和睡觉都不安心。"

心理咨询师的释义（开展对话）：

_____

_____

三、反映技术练习

根据反映技术的六个训练步骤，逐步解析案例内容。

来访者："我和男朋友分手了，我感到非常伤心和失落。我们曾经那么相爱，现在却变成了陌生人。我不知道该怎么面对这个事实。"

心理咨询师的内部自我觉观：

第一步：来访者阐述的信息中用到了哪些与情感相关的词？

_____

_____

第二步：来访者的非语言行为呈现了什么样的感受？

_____

_____

第三步：在不偏离来访者感受的基础上，选用什么样的情感词汇能准确描述来访者的感受。

_____

_____

第四步：选用合适的语句进行回应表达。

_____

_____

第五步：选择是否与内容反应技术结合应用。

_____

_____

第六步：通过来访者的反应，确定释义的效果。

_____

_____

心理咨询师的情感反映（开展对话）：

_____

_____

尝试运用情感反映技术回应下列来访者的表达。

来访者一："我父母总是对我要求很高，无论我做什么他们都不满意。我觉得自己很失败，无论怎么努力都达不到他们的期望。"

心理咨询师的情感反映（开展对话）：

_____

_____

来访者二："我最近总是感到孤独，身边的朋友都有自己的事情要忙，没有人愿意听我倾诉。我觉得自己被遗忘了。"

心理咨询师的情感反映（开展对话）：

_____

_____

来访者三："我对自己的未来感到迷茫，不知道该往哪个方向努力。每天都像是在混日子，没有任何目标和动力。"

心理咨询师的情感反映（开展对话）：

_____

_____

四、总结技术练习

开展 20 分钟左右的角色扮演咨询并录音。一位学员扮演心理咨询师角色，来访者由其他学员扮演。在咨询过程中，心理咨询师应在一阶段讨论结束后或关键转折点上适时运用总结技术，使用"你刚提到的……""我们的讨论重点是……"等句式进行总结。

这样的练习，对于所有学员均可实现练习效果。扮演来访者的学员可以更好地理解来访者的需求和感受。扮演心理咨询师的学员在咨询结束后回放录音。扮演心理咨询师的学员可以边听边记录自己的总结点，结合前文所述的总结技术进行反思，并整理出自己需要改进的地方。这有助于学员更客观地评估自己的总结技术，并找到提升的方向。

复听录音后，两名扮演者分别反馈自己的观察和感受，同时接受其他学员或训练师的点评和建议。

第七章

核心能力训练 5：
梳理来访者的咨询期待与目标

第一节　理论要点

在心理咨询的实践中，咨询目标的设定是影响咨询效果的关键因素之一。一个明确、具体且可操作的咨询目标能够引导整个咨询过程，督促心理咨询师和来访者积极投入心理咨询，对心理咨询的方向和进展进行有效的监控和评估。

那么什么是咨询目标呢？如何设定咨询目标呢？

咨询目标分为一般目标、个别目标、过程性目标和终极目标。

一、一般目标

一般目标是指某一学派或某一学派的心理咨询师制定的适用于该学派的所有来访者的目标。不同的心理学派有不同的咨询目标。

下面给大家简单介绍一下目前常见的几种心理学派的咨询目标。

1. 人本主义学派把自我实现作为咨询目标

人本主义学派不仅关注症状的缓解，更注重帮助个体认识自己、接受自己以及最终超越自己，实现个人成长和发展。人本主义学派的咨询目标首先围绕着个体的"自我意识"展开。人本主义学派认为，许多人的心理困扰和问题源自对自我的误解或忽视。因此，心理咨询的首要目的是帮助个体清晰地认识到自己的存在感，理解自己的情绪、想法和行为模式。通过增强自我意识，个体能够更加自觉地管理自己的生活，并对自己的需求和欲望有更深的理解。其次，人本主义学派的心理咨询追求的是帮助个体建立无条件的自我接纳。这意味着，无论个体的经历如何、情感如何、行为如何，都应该被完整无缺地接受，包括那些可能引起羞耻或内疚的部分。此外，人本主义学派的心理咨询的另一大目标是鼓励个体发展自己的潜能。每个人都拥有挖掘自己最大潜力的能力，而生活中的种种障碍往往使人们未能达到这一点。此外，为了达成个体的自我实现，人本主义学派的心理咨询还注重培养个体的自主性和独立性。这包括帮助个体做出真正属于自己的选择，学会负责任地承担后果，并且在生活中寻求意义和目的。因此，人本主义学派的心理咨询致力于一个全面的目标：帮助个体成为最真实、最完整的自己。

2. 行为主义学派把塑造理想的行为模式作为咨询目标

行为主义学派的心理咨询目标是塑造理想的行为模式，而且咨询目标应该以行为名称来描述，这些行为是具体的、可观察的和可测量的。

行为主义学派以科学、实证的方法研究人类行为和心理，主张通过观察个体的行为反应来理解其内心世界。在心理咨询中，行为主义学派设定了明确而实际的目标——通过改变不良的行为习惯，培养和塑造积极、健康的行为模式，达到促进个体心理健康和社会适应的目的。行为主义学派的心理咨询还重视目标的具体性和可测量性。在心理咨询开始阶段，心理咨询师会与来访者一起设定清晰、具体的治疗目标，这些目标通常都是可以被观察和评估的。这样做有助于确保心理咨询过程的有效性，并为治疗效果提供明确的评价标准。此外，行为主义学派的心理咨询强调当前行为的重要性。

3. 精神分析学派把潜意识意识化作为咨询目标

精神分析学派的咨询目标是将潜意识意识化，重组基本的人格，帮助来访者重新体验早年经验，并处理压抑的冲突，做理智的觉察。

精神分析的核心目标是探索潜意识，揭示隐藏在心理冲突、梦境、错误行为和症状背后的深层动机和冲突。首先，精神分析治疗的一个主要目标是提高个体的自我意识。这涉及帮助个体识别和理解他们可能尚未意识到的情感和思维模式。通过这种自我洞察，个体可以理解自己的行为是如何受到潜意识驱动力的影响，这些驱动力往往源于童年经历和未解决的冲突。其次，精神分析治疗主要解决内心的冲突。根据精神分析理论，许多心理问题和疾病都是由于本我、超我与自我三者之间的冲突引起的。本我是人的原始冲动和欲望，超我代表着道德和社会规范的压力，而自我则在这两者之间斡旋。在心理咨询过程中，心理咨询师会帮助个体认识到这些内在力量是如何影响其决策和行为的，并通过对话协助其找到平衡这些冲突的方法，从而减少内心矛盾带来的焦虑和痛苦。最后，处理过去的创伤经验也是一个关键目标。精神分析学派认为，过去的经历，尤其是早年经历，对个体的心理健康有长远的影响。未处理的负面情绪或事件可能在潜意识中持续存在，并在日后的生活中以各种症状表现出来。因此，精神分析治疗致力于帮助个体回溯并重新体验那些创伤性的记忆，以新的视角理解和整合它们，最终达到疗愈的效果。

4. 完形心理学派把实现个体内在平衡与和谐作为咨询目标

完形心理学派（又称格式塔心理学）的咨询目标是帮助来访者觉察此时此刻的经验，激励他们承担责任，以内在的支持来对抗往昔的依赖，实现个体内在的平衡与和谐。

完形心理学派认为，个体的心理健康问题往往是由于个体在面对生活中的压力和挑战时，无法有效地调动自身的资源，导致内心的冲突和失衡。因此，完形心理学派的心理咨询目标就是帮助个体认识和解决这些内在冲突，从而实现个体的心理成长和发展。

5. 理性情绪学派把帮助个体更能容忍和过上理性的生活作为咨询目标

理性情绪学派的目标在于消除来访者对人生的自我失败观，帮助他们更能容忍与过上理性的生活。

理性情绪学派首要的目标是帮助个体识别和改变不合理的信念。在理性情绪学派的视角下，许多心理困扰都源自个人持有的一些非理性或不实际的信念。例如，一个普遍的错误信念是"我必须要得到每个人的喜欢和认可"，这种信念往往导致个体在社交互动中感到极大的压力。通过心理咨询过程，理性情绪学派的实践者会引导来访者识别这些不合逻辑的信念，并通过质疑和辩论的方式帮助他们重新构建更合理、更有助于情绪健康的信念体系。其次，理性情绪学派的心理咨询致力于提高个人的自我效能感。自我效能感是一个人对自己能够成功执行特定任务或应对挑战的信心。理性情绪学派强调通过实际行动和经验来增强自我效能感。再者，改善情绪管理技能也是理性情绪学派的重要目标之一。除此之外，促进人际沟通与解决冲突的能力也是理性情绪学派关注的焦点。

6. 后现代心理学派把帮助来访者做自己生命的主人作为咨询目标

后现代心理学派的心理咨询目标在于解构传统心理学中固有的理论框架与限制性假设，进而实施更加个性化、情境化的干预策略。该学派认为心理问题并非个体固有的属性，而是在特定的社会文化环境中生成的。因此，在心理咨询过程中，后现代心理学派的实践者将重点放在了对个体经历的独特性的探索上，而非仅仅寻找普适的病理模型。

后现代心理学派不是一种统一的理论体系，它汇集了多种思潮和观点，包括叙事疗法、焦点解决短期治疗和合作治疗等。这些方法虽然各异，但共享着一些核心理念：重视个体的主观体验、强调语言和对话的作用、认为现实是社会构建的，以及提倡权力平等的治疗关系。

在后现代心理学派的众多心理咨询方法中，焦点解决短期治疗以其针对性强、效率高而受到推崇。它不仅帮助个体快速识别和解决问题，同时也培养个体自我解决问题的能力。而在焦点解决短期治疗过程中，正确设定心理咨询目标尤为关键。一个明晰、可操作的目标不仅引导心理咨询有效进行，还是评估咨询效果的重要标准。因此，如何设定目标是每一个心理咨询师必须掌握的技巧。

首先，心理咨询师在设定咨询目标时必须确保目标具体且可量化。一个模糊不清的目标将使心理治疗失去方向。例如，如果来访者提出"我想要更自信"，这还不够。心理咨询师需要引导来访者探索在何种情境下、通过何种行为展现出自信，并设定具体的行动步骤，如："在接下来的一个月里，我会每天在工作会议上至少发言两次。"

其次，目标是现实可行的。心理咨询师应评估来访者的目标是否适合他们的实际情况。比如，对于一个长期社交焦虑的来访者来说，立刻参加大型社交活动可能过于困难，他应该设定更为循序渐进的目标，如："我会先与熟悉的同事共进午餐。"

此外，目标应当是积极的，有助于促进来访者的个人成长或生活质量的提升。避免设置负面目标，如"停止拖延"，而是转换为"提高工作效率"。这样的积极表述更能激励来访者采取行动。

再者，目标需要有时限性。时间的限制为来访者带来紧迫感，促使其在规定时间内努力实现改变。心理咨询师可以与客户共同确定合理的时间节点，如："在接下来的两周内，我将开始实施新的工作计划。"

最后，设定目标是一个协作的过程。心理咨询师要鼓励来访者参与其中，让来访者对目标拥有所有权。这种参与感会增强来访者的动机和承诺。心理咨询师的角色是引导和支持，而不是单方面地制定目标。

二、个别目标

在心理咨询过程中，个别目标的制定是咨询工作的重要一环。来访者的个别目标是指针对某位特定的来访者所确定的具体的、个性化的目标。这类目标是根据来访者的独特情况、需求和问题而制定的，通常与来访者的个人成长、自我认知、情绪管理、行为改变等方面有关，旨在帮助他们建立更健康、更积极的生活方式。它有助于为心理咨询提供明确的方向，引导心理咨询过程，使心理咨询师和来访者都能清楚地了解心理咨询的目标和期望。与一般目标相比，个别目标更加具体和个性化。

1. 个别目标的重要性

（1）针对性强　个别目标根据来访者的具体情况制定，因此具有高度的针对性。这种针对性使治疗过程更加聚焦于来访者的核心问题，提高了治疗的效率和效果。

（2）促进动力　明确、具体的个别目标能够为来访者提供清晰的方向和动力。来访者在追求这些目标的过程中，能够感受到自己的进步和成就，从而增强继续参与心理咨询的信心和动力。

（3）评估依据　个别目标是评估咨询进展和效果的重要依据。通过对比咨询前后的目标达成情况，心理咨询师可以客观地评价咨询的效果，并且以此为依据调整咨询方案。

2. 个别目标的制定原则

（1）具体性　个别目标应该具体、明确，避免使用模糊或泛泛而谈的表述。具体的目标更有助于来访者理解和执行，也便于心理咨询师进行评估和跟踪。

（2）可行性　个别目标应该根据来访者的实际情况和需求制定，确保其在现实中可行。过高的心理咨询目标可能会让来访者感到挫败和沮丧，而过低的心理咨询目标则可能无法激发来访者的积极性和动力。

（3）双方认可　个别目标应该由心理咨询师和来访者共同商定，确保双方对其有共同的理解和认可。这种共识有助于增强心理咨询的合作性和有效性。

（4）可评估性　个别目标应该具有可评估性，即可以通过某种方式来衡量其达成情况。这有助于心理咨询师及时了解咨询进展，并根据需要进行调整。

3. 个别目标的类型

（1）矫正性目标　矫正性目标旨在针对来访者的不良行为或症状进行矫正。例如，帮助来访者克服焦虑、抑郁等情绪问题，改善人际关系中的冲突，等等。

（2）发展性目标 发展性目标旨在促进来访者的心理成长和发展。例如，帮助来访者增强自我意识、提高自尊和自信、培养积极应对压力的能力等。

三、过程性目标

过程性目标是指达到终极目标之前需要设立的一些阶段性的、过渡性的目标。心理咨询的过程性目标是咨询过程中非常重要的部分，也称为阶段性目标或过渡性目标，是指在心理咨询与治疗过程中，心理咨询师和来访者为了逐步接近和实现终极目标而设立的中间目标。这类目标具有阶段性、可衡量性和可操作性，能够帮助来访者逐步解决当前问题，逐步成长和发展。这类目标有助于引导咨询过程，使心理咨询师和来访者能够逐步朝着终极目标迈进。

（1）阶段性 过程性目标将咨询过程划分为若干个阶段，每个阶段都有相应的具体目标。这些阶段目标相互衔接，共同构成通往终极目标的桥梁。

（2）可衡量性 每个过程性目标都应该是具体的、明确的且可衡量的，以便来访者和心理咨询师能够清晰地了解目标的达成情况。

（3）可操作性 过程性目标应该是可以通过实际行动和努力来实现的，为来访者提供了具体的行动指南。

四、终极目标

终极目标是指在弄清来访者的情况之后，心理咨询师要确定来访者最终实现的目标。来访者的终极目标是在心理咨询过程中，心理咨询师在充分了解来访者的情况后，双方共同确定的一个长期、宏观且具有深远意义的目标。终极目标可促进来访者的心理健康和发展，充分激发来访者的潜能，使其达到人格完善。这个目标不仅是心理咨询专业性的保证，也是心理咨询师和来访者共同努力的方向。为了实现这一目标，心理咨询师需要与来访者共同制定具体的、可实现的咨询目标。这类目标应该具备以下特征：

（1）整体性 这类目标涵盖了来访者心理、情感、行为等多个方面的综合改善和发展。

（2）稳定性　这类目标不会轻易因为短期的情况变化而改变，是一个相对持久和恒定的目标。

（3）具有深远影响　这类目标对来访者的未来生活和个人成长具有重要且长期的积极影响。

（4）属于心理学范畴　心理咨询师的任务是帮助来访者解决心理问题，因此终极目标应该是关于心理健康和行为改变的。

（5）可实现性　终极目标应该是具体的、明确的，能够在咨询过程中逐步实现的。

（6）可评估性　心理咨询师和来访者应该能够对咨询目标进行评估，以便了解咨询过程是否取得了预期效果。

（7）动态性　终极目标可能会随着咨询过程的推进而有所调整，因此这类目标应该是灵活的，能够适应来访者的变化需求。

第二节　咨询应用

一、有关识别、界定咨询目标的思考

对于《心理咨询师的问诊策略（第 6 版）》一书中提及的识别、界定目标的过程，心理咨询师可以根据来访者对以下问题的回答进行思考：

1. 你想在哪个方面改变自己？

2. 假如你成功实现了上述改变，对你而言会有什么不同吗？

3. 最终是你自己发生了改变，还是其他人发生了改变？

4. 这种改变对你或其他人有哪些风险？

5. 从这种改变中你能得到怎样的回报？

6. 实现这种改变后，你会做些什么、想到什么、感觉到什么？

7. 在什么情况下，你认为能够实现这种改变？

8. 你愿意经常深入地实现这种改变吗？

9. 在你目前所处的状态和你希望达成的目标之间，你是不是需要走很长的路？如果是的话，请按从易到难的顺序制作一个步骤表。

10. 干扰你达成目标的阻碍因素（涉及人、感情、观念、环境等方面）有哪些？

11. 你需要加以利用的资源（涉及技能、人力、知识等）有哪些？

12. 你将如何评价实现咨询目标的过程？

二、识别目标

何为来访者的咨询目标？在心理咨询实战对话中，如何识别目标呢？

来访者的咨询目标不等于来访者的人生目标，而是本次咨询中期待达成的目标。这需要心理咨询师在咨询实践中重点明确。

在心理咨询过程中，心理咨询师到底要如何与来访者共同设定咨询目标呢？在现实的咨询中，来访者不是专业的心理学学习者或者相关从业者，也不见得知晓何为良好的咨询目标，仅仅是根据自己的困境、感受和期待来直观表达，因此心理咨询实战中就会存在心理咨询师陪伴来访者梳理、澄清咨询目标的过程。

以下为例，若来访者在心理咨询中表达这样的期待，这是否咨询目标？

来访者："我希望孩子能尽快调整好状态，回到学校。"

来访者："我要让自己从现在这种状态里走出来。"

来访者："我不想让自己这么难受。"

来访者："我要让自己过得幸福。"

来访者："我不想看到自己这么无能。"

来访者："我不想让自己这么愤怒。"

来访者："我太焦虑了，不想让自己这么焦虑。"

来访者："我没法控制自己的情绪。"

来访者："我希望能改善和男朋友的亲密关系。"

来访者："我想知道怎么能让对方接受我。"

简而言之，心理咨询师可以衡量一下，上述内容是否属于心理学范畴，并且是可实现的、可评估的、可衡量的、动态性的。若符合这些原则，心理咨询师可继续进行后续咨询；若不符合这些原则，心理咨询师需要陪伴来访者进行目标梳理和明确。在心理咨询中，心理咨询师识别来访者的咨询目标是否恰当可行，是一个复杂而细致的过程，涉及多个方面的考虑。以下是一些关键步骤和要点：

1. 了解来访者情况

（1）基本信息收集　通过面谈、问卷调查等方式，心理咨询师收集来访者的基本信息，包括年龄、性别、职业、家庭背景、健康状况等。

（2）主要问题确认　心理咨询师要明确来访者当前面临的主要问题、困扰或挑战，以及这些问题的具体表现和影响。

2. 澄清咨询目标

（1）直接询问　心理咨询师可直接询问来访者希望通过咨询实现什么目标，以及这些目标的具体内容和期望结果是什么。

（2）探索期待　除了直接询问目标，心理咨询师还可以询问来访者对咨询的期待，以便更全面地了解他们的需求和动机。

（3）家庭作业　心理咨询师可以建议来访者在咨询前后做一些家庭作业，如列出自己的问题、感受和需求，以便更好地澄清咨询目标。

3. 评估咨询目标的恰当性

（1）相关性　心理咨询师应评估咨询目标是否与来访者的主要问题相关，是否有助于解决他们的困扰或挑战。

（2）现实性 心理咨询师要判断咨询目标是否现实可行，即咨询目标是否在当前条件下可以通过心理咨询实现。

（3）具体性 咨询目标应该具体、明确，避免模糊或泛泛而谈。一个具体的目标更有助于来访者理解和执行，也便于心理咨询师进行评估和跟踪。

（4）可评估性 咨询目标应该具有可评估性，即心理咨询师可以通过某种方式来衡量其达成情况。这有助于心理咨询师及时了解治疗进展，并根据需要进行调整。

三、界定目标

在实际咨询中，来访者可能期待实现多个咨询目标，或者希望在这些方面有些改变，这是情理之中的事情，但对于当次心理咨询，时间有限，不见得能完成多个咨询目标的达成，因此需要心理咨询师引导来访者先确定一个目标为当次咨询主目标，其他目标看咨询进展和时间待定。自心理咨询师与来访者确定一个咨询目标开始，心理咨询师要考虑到和来访者界定目标的三个部分，并找出主目标下的具体小改变。

1. 界定目标实现后的相关行为表现

心理咨询师在此阶段要明确指出来访者做些什么。常见的对话如下：

"当你说你可以达成目标的时候，你看到自己正在做什么？"

"当你的目标实现以后，我能看到你做什么、想什么和感觉到了什么吗？"

"你说你想更坚强，作为一个坚强的人，你会想到和做到什么事情？"

"当你不再……你会做什么不同的事情呢？"

"当你在做这些的时候，看起来是什么样子？"

通过上述的引导语，心理咨询师可以让来访者更明确自己达成目标后会有怎样与行为相关的内隐或外显的表现。

2. 确定改变的量化水平和改变过程

此部分是为了让来访者更清楚，为了达到期待的目标，来访者需要做多少改变，或者这是怎样一个改变的过程。常见的对话如下：

"和你现在的状态相比，你觉得自己能有多大的决心做这件事情？"

"你想以每周怎样的频率去做这件事情？"

"从你了解自我的状态和训练的记录看，对你而言，每周增加多少次练习是比较合适的，而且也是你自己可以承受的？"

"考虑到你现在的整体状况，你的改变达到什么程度是合理的？"

心理咨询师要寻找各种将来达成目标后的状态与当前状态之间的差异之处作为评量标准，帮助来访者界定一个恰当的改变过程。

3. 确定目标达成的条件

此部分是为了让来访者更加清晰自己目标达成所需要的各种条件，可能是外界的情况，或者是环境，或者是在目标达成过程要克服的可能存在的一些困难。常见的对话问句如下：

"你认为自己需要在什么样的情况下才能开始做这件事情？"

"你决定什么时候为了这些改变开始去做尝试？"

"如果说你能够去做这件事情，你可能需要和谁共同面对和实施？"

"什么事或者谁可能阻止你去实现你想达成的这个目标？"

"在采取具体改变行动时，你可能会遇到什么阻碍？"

"你会怎样开始克服那个障碍？"

通过这样的探索，对于来访者有可能忽略的问题，心理咨询师也会帮助他们面对。对于改变过程中可能存在的一些困难，心理咨询师和来访者要做好预案的设计和心理准备。

第三节　能力训练

一、正向目标的达成

训练方式如下：

1. 三个人为一组，包括来访者 A、心理咨询师 B 和观察员 C。

2. A 用负面的语言、抱怨的姿态去描述个人发生的一个事件和困惑。

3. B 尝试用下列的一些问句去回应 A。

　　"你不想……那么你比较希望的是什么？"

　　"如果可能，你希望事情朝着哪个方向发展？"

　　"你不希望妈妈用这样的方式表达，那么你比较希望妈妈变成什么样子？"

　　"从你的痛苦中，我感受到了你似乎很想……"

4. B 用这样的方式开展 10 分钟心理咨询，看看是否能够陪伴 A 梳理清晰他内心所期待的正向目标。

5. C 分享在对话中所感受到的内容。

6. 三人小组讨论如何陪伴 B 梳理出正确的目标，有哪些可行的方法策略，并且讨论改进之处。

7. 三个人互换角色，开展新一轮的练习。

二、目标合理性训练

请尝试将来访者的表达内容修改为可行的、恰当的、合理的心理咨询目标。

来访者："我希望孩子能尽快调整好状态，回到学校。"

调整后：＿＿＿＿＿＿＿＿＿＿＿＿＿＿＿＿＿＿＿＿＿＿＿＿＿＿＿＿＿

来访者："我要让自己从现在这种状态里走出来。"

调整后：＿＿＿＿＿＿＿＿＿＿＿＿＿＿＿＿＿＿＿＿＿＿＿＿＿＿＿＿＿

来访者："我不想让自己这么难受。"

调整后：_____

来访者："我要让自己过得幸福。"

调整后：_____

来访者："我不想看到自己这么无能。"

调整后：_____

来访者："我不想让自己这么愤怒。"

调整后：_____

来访者："我太焦虑了，我不想让自己这么焦虑。"

调整后：_____

来访者："我没办法控制自己的情绪。"

调整后：_____

来访者："我希望能改善和男朋友的亲密关系。"

调整后：_____

来访者："我想知道怎么能让对方接受我。"

调整后：_____

三、界定目标训练

训练一：尝试找出来访者目标实现后的 8 个相关行为，即来访者要做些什么

训练方式如下：

1. 三个人为一组，包括来访者 A、心理咨询师 B 和观察员 C。

2. A 描述自己通过心理咨询希望达成的目标。

3. A 与 B 开展 15 分钟的心理咨询对话。

4. B 尝试用下列的一些问句帮助 A 找出目标实现后的 8 个相关行为。

"当你说你可以达成目标的时候,你看到自己正在做什么?"

"当你的目标实现以后,我能看到你做什么、想什么、感觉到了什么吗?"

"你说你想更坚强,作为一个坚强的人,你会想到和做什么事情?"

"当你不再……你会做什么不同的事情呢?"

"你在做这些的时候,看起来是什么样子?"

5. C 负责记录目标实现后的 8 个相关行为,并分享在对话中所感受到的内容。

6. 三人小组讨论如何陪伴 A 梳理出目标实现后的 8 个相关行为,有哪些可行的方法策略,并且讨论改进之处。

7. 三个人互换角色,开展新一轮的练习。

训练二:确定来访者改变的量化水平和改变过程

此部分是为了让来访者更清楚为了达到期待的目标,他需要做多少改变,或者要经历怎样一个改变的过程中的评估。

训练方式如下:

1. 三个人为一组,包括来访者 A、心理咨询师 B 和观察员 C。

2. A 描述自己通过心理咨询希望达成的目标。

3. A 与 B 开展 15 分钟的心理咨询对话。

4. B 尝试用下列的一些问句帮助 A 探索改变的过程,至少找到三个改变线索或行为。

"和你现在的状态比较,你觉得自己能有多大的决心做这件事情?"

"你想以每周怎样的频率去做这件事情?"

"从你了解自我的状态和训练的记录看,对你而言,每周增加多少次练习是比较合适的,而且也是你可以承受的?"

"考虑到你现在的整体状况,你的改变达到什么程度是现实的?"

5. C 负责记录对话中的改变线索或行为，并分享在对话中所感受到的内容。

6. 三人小组讨论如何帮助 A 梳理出改变线索与行为，有哪些可行的方法策略，并且讨论改进之处。

7. 三个人互换角色，开展新一轮的练习。

训练三：确定目标达成的条件

此部分是为了让来访者明确自己目标达成所需的各种条件，可能是外界的情况、环境，或者是在目标达成过程如何克服可能存在的一些困难。

训练方式如下：

1. 三个人为一组，包括来访者 A、心理咨询师 B 和观察员 C。

2. A 描述通过心理咨询希望达成的目标及目前存在的困难。

3. A 与 B 开展 15 分钟的心理咨询对话。

4. B 尝试用下列的一些问句帮助 A 探索目标达成的条件，至少找到三个条件。

"你认为自己需要在什么样的情况下才能够开始做这件事情？"

"你决定什么时候为了这些改变开始去做尝试？"

"如果说你能够去做这件事情，你可能需要和谁共同面对和实施？"

"什么事或者谁可能阻止你去实现你想达成的这个目标？"

"在采取具体改变行动时，你可能会遇到什么阻碍？"

"你会怎样开始克服那个障碍？"

5. C 负责记录对话中的目标达成的条件，并分享在对话中所感受到的内容。

6. 三人小组讨论如何帮助 A 梳理出目标达成的条件，有哪些可行的方法策略，并且讨论改进之处。

7. 三个人互换角色，开展新一轮的练习。

08
第八章

核心能力训练 6：
引发来访者深度反思的影响技术

在心理咨询和心理治疗领域中，影响技术主要包括提问、解释、提供信息、即时化、自我暴露和面质。

这六大影响技术被广泛认为是促进改变和提高治疗效果的关键工具。当代心理咨询大师艾伦·E.艾维（Allen E.Ivey）和玛丽·布莱福德·艾维（Mary Bradford Ivey）的著作指出，这些影响技术"是一种更为主动的改变人的方式"，因为"它们为行动和重建提供了多种选择，能够更快速地促进改变，有时也更长久地促进改变"。

这些技术的应用价值和重要作用可以从以下几个方面进行阐述：

1. 增强自我意识

影响技术可以帮助来访者更深入地了解自己的想法、情感和行为模式，提高自我洞察力，使来访者能够识别和理解自己的需求和动机。

2. 促进认知重构

影响技术可以帮助来访者识别和挑战自我的不合理信念和思维模式。通过改变不适应性的认知，来访者可以减少焦虑、抑郁等负面情绪，提升情绪管理和应对的能力。

3. 改善人际关系

影响技术可以帮助来访者学习有效的沟通技巧和人际互动策略。在系统疗法的影响下，来访者可以学会如何在家庭和社交系统中扮演更积极的角色。

4. 发展新的行为技能

通过行为实验、角色模仿等技术，来访者可以尝试新的行为方式，增强适应环境的能力。

5. 探索潜意识

影响技术可以帮助来访者探索潜意识中的内容，这有助于揭示潜在的冲突和未解决的问题，从而促进深层次的心理整合和治愈。

6. 支持个人成长

人本主义学派强调个体的自我实现和成长潜能，相应的影响技术为来访者提供了一个安全、接纳的环境，这样的环境鼓励个体探索自我，发现内在的价值和潜力，促进自我成长和发展。

综上所述，六大影响技术在心理咨询和心理治疗中的应用价值和重要作用在于它们能够帮助个体实现自我探索、认知和行为的改变，提高人际交往能力，解决潜意识冲突，以及支持个体的成长和发展。这些技术的综合运用使心理咨询过程更具个性化和针对性，从而提高了心理咨询的有效性。

第一节　理论要点

心理咨询这六大影响技术并非直接从某一特定的心理学理论中发展或整理出来的，而是在心理咨询和心理治疗的长期实践中逐步形成和完善的。这些技术的发展受到了多种心理学派的影响，包括但不限于人本主义、认知行为、精神分析等。

一、提问技术

在心理咨询中，提问是多个学派和心理咨询方法均必须运用的技术，它是促进心理咨询师与来访者交流、提高来访者内省和自我暴露的常用手段。但是，不同的学派和心理咨询方法，在提问方向和侧重点上存在差异性。例如：

（1）精神分析学派　该学派巧妙地通过提问与深入解释，揭示来访者潜意识中的冲突与防御机制，从而帮助他们更好地认识自我，解决心理问题。

（2）认知行为疗法　认知行为疗法中的提问技术主要用于帮助来访者识别和挑战不合理的信念或思维模式，以及这些思维如何影响他们的情感和行为，促进他们对自身行为的理解和改变。

（3）人本主义学派　人本主义学派强调来访者的个人体验和自我实现。心理咨询师会用开放性的问题鼓励来访者进行自我表达，从而促进来访者自我理解和成长。

（4）焦点解决短期疗法　心理咨询师通过提问来引导来访者以特定的方式思考、感受和行动，帮助他们识别自己的资源和潜力，从而促进改变。

（5）叙事治疗　叙事治疗中的外化提问是一种标志性的技术，旨在帮助来访者重新构建他们的生活故事和促使他们的自我身份认同。

（6）系统式家庭疗法　心理咨询师会通过提问与来访者探讨家庭成员之间的互动模式和关系。系统式家庭疗法的提问更关心的是这个问题在系统的平衡中起到什么作用，从而揭示家庭系统中的问题和动态。

（7）解决导向疗法　解决导向疗法旨在解决问题，心理咨询师会使用提问技术来帮助来访者明确目标和解决方案。

（8）心理动力疗法　心理动力疗法更侧重于自由联想和移情现象，但在治疗过程中，心理咨询师可能会提出一些问题来深入探索来访者的潜意识。

（9）存在主义疗法　心理咨询师通过提问来探讨生命的意义、自由、孤独和死亡等主题，帮助来访者找到个人的存在价值和目的。

（10）完形心理疗法　心理咨询师通过实验性的练习和提问来帮助来访者增强自我意识，解决未完成的情感事务。

总的来说，以上各学派和心理咨询方法都采用了不同形式和目的的提问技术，以便促进心理咨询过程和来访者的自我发现。在心理咨询实践中，心理咨询师一般会根据自己擅长的学派选用适当的问句进行咨询会谈。在后续实践应用中，我会选取几种使用率高且具有特色的典型问句呈现。

二、解释技术

在心理咨询领域，许多学派和心理咨询方法都会使用解释技术来帮助来访者理解和洞察自己的问题。以下是一些常见的使用解释技术的心理咨询学派和心理咨询方法：

（1）精神分析学派　精神分析学派，尤其是经典的弗洛伊德理论，强调对来访者的梦境、自由联想和阻抗进行解释，以便揭示其潜意识中的冲突和动态。心理咨询师使用解释技术帮助来访者理解自己的无意识动机和欲望。

（2）认知行为疗法　认知行为疗法也使用解释技术，特别是当来访者陷入消极的思维模式或行为习惯时。心理咨询师会解释这些思维和行为模式如何影响情感和行为，并提供新的认知框架，帮助来访者重新评估和调整他们的思维方式。

（3）人本主义学派　尽管人本主义学派强调来访者的自我实现和成长，但心理咨询师有时也会使用解释技术帮助来访者理解自己的情感和行为背后的意义，以及它们如何阻碍或促进个人的成长和发展。

（4）心理动力疗法　心理动力疗法，特别是基于客体关系或自体心理学的学派，使用解释技术来揭示来访者的人际关系模式、情感反应和防御机制。心理咨询师通过解释这些心理现象帮助来访者获得更深层次的自我认识。

（5）完形心理疗法　完形心理疗法是一种短期的心理咨询方法，它使用解释技术来快速识别和解决来访者的问题。心理咨询师通过解释来访者的症状、行为或情感反应，帮助他们意识到问题的根源并找到解决方案。

（6）后现代心理学派 后现代心理学派的心理咨询师可能会使用解释技术来挑战和重新构建来访者的自我叙事，从而促进自我认知的变化和成长。

这些心理学派和心理咨询方法中的解释技术通常涉及对来访者的思想、情感、行为和经验进行深入的剖析和理解，以便提供新的视角和洞见。解释技术的目的是帮助来访者意识到他们的问题、冲突和困境，从而使他们能够自我反思、自我调整和自我成长。

三、提供信息技术

心理咨询中的提供信息技术不直接对应于特定的心理咨询流派，而是指在心理咨询过程中向来访者提供有关其问题和解决方法的信息。这项技术可能被不同的心理咨询学派以各自的方式使用。下面是一些应用提供信息技术的心理咨询学派和心理咨询方法：

（1）精神分析学派 在精神分析中，心理咨询师可能会提供关于潜意识冲突、防御机制和梦境分析的信息。

（2）认知行为疗法 认知行为疗法中的心理咨询师会提供关于认知失真、行为模式及其与情绪之间关系的信息。该疗法强调提供正确的信息，引导来访者聚焦于当前的情绪与行为，通过改变不健康的认知模式达成行为矫正，从而实现心理健康的提升。

（3）人本主义学派 人本主义学派注重个体的自我实现，心理咨询师在此过程中提供的信息可能关注个人成长和自我探索的重要性。

（4）结构式家庭治疗 结构式家庭治疗更多关注家庭里面把人和人关联起来的规则和模式，对家庭体制关注比较多。心理咨询师强调融入、连接、加入，以积极的姿态去靠近系统，以近亲或自己人的姿态对家庭问题进行分析和指导，属于偏指导的方法。

需要注意的是，虽然这些心理学派和治疗方法都可能在心理咨询中使用提供信息技术，但它们对于如何使用这一技术以及侧重的内容各不相同。总的来说，提供信息技术是跨越不同心理咨询学派的一种共通技术，关键在于心理咨询师如何根据自己所属的心理学派的理论和方法，以及针对来访者的特定需要来运用这一技术。

四、即时化技术

即时化技术也称为"此时此地"的技术，是心理咨询中常用的一种方法。它指的是心理咨询师利用咨询过程中正在发生的事件帮助来访者更加深入地了解自己及其与他人的关系。以下是一些使用即时化技术的心理咨询学派和心理咨询方法：

（1）存在主义疗法　存在主义疗法注重个体的即时经验和选择。心理咨询师可能会使用即时化技术来引导来访者关注并探讨自己当前的感受和选择。

（2）人本主义学派　在人本主义学派中，心理咨询师可能通过反馈自己在交流中的感受来增强与来访者的共情和理解，从而支持来访者进行自我探索。

（3）完形心理疗法　完形心理疗法强调"此时此刻"的体验，心理咨询师可能会借助即时化技术帮助来访者意识到并整合那些被忽视或未完成的心理元素。

（4）心理动力疗法　尽管心理动力疗法主要关注来访者的潜意识和历史经验的影响，但在咨询过程中，心理咨询师也可能利用即时化技术来揭示和处理咨询关系中的移情和反移情现象。

（5）系统式家庭疗法　在处理家庭成员间的互动时，心理咨询师可能会采用即时化技术来指出和调整正在发生的相互作用模式。

（6）认知行为疗法　虽然认知行为疗法更侧重于识别和改变来访者的不合理信念和行为模式，但在某些情况下，心理咨询师可能会运用即时化技术来处理心理咨询中发生的特定情况，以便增强来访者的自我觉察和促进学习。

即时化技术能够帮助来访者认识到自己的行为如何影响与他人的关系，并且能够提供关于解决人际交往问题的洞见。该技术要求心理咨询师具有敏锐的观察力、快速的反思能力和找到恰当的干预时机的能力。在使用即时化技术时，心理咨询师需要保持对来访者的尊重和真诚，确保这种直接的沟通方式能够帮助而不是伤害到来访者。

五、自我暴露技术

以下心理咨询学派和心理咨询方法中存在自我暴露技术：

（1）人本主义学派　人本主义学派，如卡尔·罗杰斯的客户中心疗法，强调心理咨询师的真诚、同理心和透明度，认为心理咨询师的自我暴露和面质可以帮助来访者建立信任感。自我暴露技术被用来建立信任并展示心理咨询师的人性化一面，促进来访者的自我接纳与成长。

（2）精神分析学派　虽然精神分析学派更多地关注来访者的潜意识和移情现象，但心理咨询师有时也可能适当地分享一些个人经历或反应，以便推动心理咨询进程。

（3）系统式家庭疗法　在处理家庭动态时，心理咨询师可能分享自己对家庭互动的观察，以便促进来访者的家庭成员间的沟通。

在使用自我暴露技术时，心理咨询师需要考虑到其目的、伦理以及来访者的福祉，确保该技术的使用对咨询关系是有益的，而不是为了满足心理咨询师自己的需要。此外，过度的自我暴露或在不适当的时间使用此技术可能会破坏心理咨询的专业性和边界，导致潜在的伦理问题和心理咨询效果减弱。心理咨询师应当在专业能力和对来访者需求清晰了解的基础上谨慎运用自我暴露技术。

六、面质技术

面质也称为对质或质疑，是心理咨询中常用的一种影响性技术。它涉及心理咨询师直接向来访者提出疑问、挑战其自我认知或行为，从而促进来访者对自己的问题的深入了解和自我改变。以下是一些使用面质技术的心理学派和心理咨询方法：

（1）认知行为疗法　在认知行为疗法中，面质技术被心理咨询师用来挑战来访者的不合理信念、思维扭曲和功能障碍性假设。心理咨询师通过提问和质疑，帮助来访者识别并改变这些消极的认知模式。

（2）精神分析学派　心理咨询师可能会使用面质技术来揭示来访者的防御机制和潜意识中的冲突。面质的目的在于帮助来访者面对和接纳自己的不安和痛苦，从而促进自我认知的深化。

（3）人本主义学派　尽管人本主义学派强调来访者的自我实现和成长，但心理咨询师在某些情况下也可能使用面质技术来挑战来访者的自我限制信念和行为模式，以便促进其自我潜能的发挥。

（4）现实疗法　现实疗法强调来访者的责任感和决策能力。面质技术在这里被心理咨询师用来帮助来访者正视现实，面对自己的问题，并承担起改变的责任。

（5）后现代心理学派　在后现代心理学派中，面质技术可能被心理咨询师用来解构来访者的固定思维和信念系统，以便促进其自我反思和重新建构。

面质技术的使用需要谨慎和敏感，避免伤害来访者的自尊或造成防御性的反应。心理咨询师在使用面质技术时，应当保持尊重、同理和开放的态度，确保这一技术能促进来访者的自我觉察和成长。

总的来说，这六大影响技术是从多种心理学派中吸取精华，是多元心理学理论的融合与创新，紧密结合心理咨询和心理治疗的实践需要，形成的一套高效且实用的干预策略，为来访者提供了全方位、多层次的心理支持与服务。

七、案例应用

下面通过一个具体的心理咨询对话实例，让我们感受一下六种影响技术的概念和基本应用。

案例简介：女性，37 岁，硕士学历，人力资源总监，已婚，因大龄焦虑、职业规划不清晰而咨询。

来访者："我正处于一个典型的'上有老，下有小'的生活阶段，去年，我有幸考取研究生，本应是喜悦的时刻，却意外地引发了我的焦虑与纠结。一方面，我意识到，在这样一个相对成熟的年龄踏上求学之路，待学成归来时，我将步入四十不惑之年。若我进入高校或体制内寻求一份稳定的职业，那么年龄的门槛便如同一道难以逾越的鸿沟，因为我已超越了多数岗位所设定的三十五岁的上限。这一认知使我开始质疑读研的意义是否与我的初衷相契合，从而引发了内心的焦虑。另一方面，企业环境的动荡不安也成为了我忧虑的原因。近年来，我所就职的几家公司相继陷入困境，最终难逃倒闭的命运，这迫使我不得不面对离职的现实。随着年龄的增长，我发现自己在求职市场上已逐渐失去竞争力，再寻一份理想的工作显得尤为艰难。此外，家庭生活的现状亦是我心中难以言说的痛楚。我所经历的是一种常被提及的'丧偶式婚姻'，伴侣在情感、经济和家务等方面的支持力度严重不足。我独自一人承担着家庭的经济开支、孩子的接送与教育任务，而对方则鲜少参与其中。这种情感与经济上的双重负担，让我时常感到心力交瘁，内心渴望逃离当前的生活状态。"

以下是心理咨询师运用六种影响技术回应来访者，并进行概念解析的过程。

心理咨询师提问："听你刚刚说的这些，你是想通过今天的咨询，在你当前的生活状态里厘清些什么，还是想改变些什么、收获些什么？"

1. 提问技术的运用

提问技术是心理咨询中最基本也是最有力的工具之一。通过提问，心理咨询师能够引导来访者探索自身的感受、想法和行为模式。提问分为开放式提问和封闭式提问两种，它们在咨询过程中发挥着不同的作用。

（1）开放式提问 开放式提问通常不能简单地用"是"或"否"来回答，而是需要来访者进行详细的描述和阐述。例如，心理咨询师问："你能详细描述一下最近一次感到焦虑的情境吗？""你如何看待自己在工作中的表现？"

这类问题鼓励来访者分享更多的信息，有助于心理咨询师深入了解情况，促进心理咨询对话，激发来访者的自我探索和自我觉察。

（2）封闭式提问　封闭式提问的答案是限定的，通常可以用简单的"是""否"或其他具体答案来回答。例如，心理咨询师问："你是否每天都做运动？""你是否曾经尝试过某种放松技巧？"封闭式提问有助于心理咨询师获取来访者的特定信息，确认事实，以及引导心理咨询对话的方向。它们常用于心理咨询的早期阶段，帮助心理咨询师建立基础数据，或者在心理咨询师需要特定答案以做出决策时使用。

这两类提问方式在心理咨询中的使用价值不同。开放式提问的价值在于促进来访者深入探讨和个人内省，帮助来访者揭示深层次的感受和想法。封闭式提问则有助于心理咨询师聚焦于具体事项，验证心理咨询师对来访者情况的理解，并且心理咨询师可以有效地控制心理咨询对话的节奏和方向。两种提问方式应根据心理咨询的进程和目的灵活使用。在收集信息阶段可能需要多地使用封闭式提问来快速获取信息，而在建立良好关系之后，可以更多采用开放式提问来深化心理咨询过程。

2. 解释技术的运用

解释是指心理咨询师运用心理学理论或专业知识，对来访者的思想、情感和行为进行描述和解释。通过解释，心理咨询师可以帮助来访者更好地理解自己的内心世界，发现潜在的问题和根源。解释技术需要心理咨询师具备扎实的心理学理论基础和丰富的实践经验，能够准确地把握来访者的心理特点和需求。

心理咨询师解释："听起来你目前有点儿焦虑情绪，年龄偏大了，想寻求工作上的稳定，条件还不太具备，提升学历还需要时间，并且助力不大。更让你有压力和困惑的是家庭中感受不到丈夫的支持。逃离是直观的感受，但是你清楚地知道，这些是必须要面对的、要解决的，虽然目前无法改变现状，但是你不想任其发展下去。"

3. 提供信息技术的运用

提供信息技术涉及向来访者介绍有关其问题的专业知识或资源。这可以是关于心理健康的知识、治疗方法的介绍，或者是推荐书籍和自助工具。心理咨询师说："有许多研究表明，正念冥想能有效降低压力和焦虑，我可以为你推荐一些入门的学习资源。"

心理咨询师提供信息："听起来你对丈夫在面对家庭事务和承担家庭责任方面还存在很多的期待，在心理学的完形心理学派中有个空椅练习，可以让你把平时难于对丈夫表达的内容表达出来，你想体验一下吗？"

4. 即时化技术的运用

即时化是指在心理咨询过程中，心理咨询师关注并指出来访者当前的情感体验和行为。这种技巧能够帮助来访者认识到自己在特定情境下的反应模式。

心理咨询师即时化："听到你说对于继续读书、工作调整和夫妻关系这些方面都存在一些焦虑的感受，我注意到你在讲述这些事时语速比较快，似乎确实有些着急。"

5. 自我暴露技术的运用

自我暴露又称自我开放、自我表露等，是指心理咨询师提出自己的情感、思想、经验与来访者共享。通过自我暴露，心理咨询师可以拉近与来访者的距离，建立更加亲密和信任的关系。自我暴露技术需要心理咨询师具备敏锐的自我觉察力，既能够真诚地展现自己的内心世界和情感体验，又有助于在心理咨询过程中引发来访者进行反思觉察和自我成长。

心理咨询师自我暴露："确实让丈夫能承担家庭事务、参与到育儿方面不太容易，我也是为了培养老公做家务花了很多时间和心思的。"

6. 面质技术的运用

面质又称为质疑、对质等，是指心理咨询师直接指出来访者身上存在的矛盾或不一致之处。这种技术有助于促进来访者的自我反思和探索，进而实现自我统一。面质技术需要心理咨询师具备敏锐的洞察力和判断力，能够准确地捕捉到来访者言行中的矛盾点，并以合适的方式进行呈现。

心理咨询师面质："虽然听到你说对于继续读书、工作调整和夫妻关系这些方面都存在一些焦虑的感受，但是在语调上感觉你还是比较轻松的，有时面部表情上还有点儿微笑，似乎这些事情虽然有些不容易，但好像还在你的掌控之中。"

每一种技术都有其独特的应用场景，而有效的心理咨询往往需要这些技术的有机结合。提问可以打开沟通的大门，解释有助于建构理解的桥梁，提供信息则为来访者装备了知识的武器，即时化强化了对当下的感知，自我暴露建立了深厚的治疗联盟，面质则是推动来访者面对真实的催化剂。总而言之，心理咨询中的六大影响技术不是孤立运用的，它们是相互补充、协同作用的。心理咨询师需要根据不同的个体和情境灵活运用这些技术，以期达到最佳的治疗效果。记住，每一种技术的运用都应以来访者的福祉为依归，只有这样，才能真正地触及并疗愈来访者心灵深处的创伤。

第二节　咨询应用

在心理咨询实践中，这六类影响技术的应用可涉及多个心理理论，然而具体的应用一定要考虑到来访者当下的状态和个人特性。本章将呈现心理咨询师如何通过六大影响技术促使来访者朝预定目标前进，突破困境。

一、提问技术的应用

1.心理咨询中提问的指导原则

在心理咨询过程中，提问是重要的、必不可少的环节，要想利用提问实现有效的心理咨询，心理咨询师需要关注以下几个重要原则：

（1）提问来访者的关注点　提问的方向是来访者期待的、关注的、认为重要的、在意的方向，这样有助于来访者朝期待的目标前进并制定有效的解决策略。提问不是满足心理咨询师的猎奇心。

（2）具备倾听和共情的基础　提问要立足于听见事、看到人和听懂心。心理咨询师应保持与来访者同频，融入对话之中，避免显得机械或刻板，维持心理咨询对话的自然流畅性。

（3）尊重来访者与保密原则　心理咨询师提问时要体现出对来访者情感和隐私的尊重，避免提过于直接或侵入性的问题。同时要保证来访者的隐私和信息安全，这是建立信任关系的前提，也是心理咨询顺利进行的基础。心理咨询师需明确向来访者解释保密原则及其范围，包括在特定情况下的保密例外。

（4）避免预设引导性问题　心理咨询师提问应避免带有预设立场或期望的答案，以致引导来访者朝着特定方向回答。

（5）一次只问一个问题　心理咨询师提问的频率要适中，过多的提问可能会让来访者感到被审问，而过少则可能导致谈话缺乏方向性。

（6）鼓励探索和自我发现　提问的目的之一是鼓励来访者进行多维探索，而不是仅仅寻找简单的答案。

（7）适应个体差异　心理咨询师应根据来访者的具体情况调整提问的方式、深度、角度、反应时间等，确保提问符合来访者的需求和适度。

（8）开放式提问与封闭式提问根据必要性灵活运用　心理咨询师使用开放式提问来获得更丰富的信息，这种提问方式通常以"什么""如何""能不能"等词语开始。开放式提问鼓励来访者提供更详细的描述和深层次的情感表达，而不是简单地进行"是"或"否"的回答。例如，心理咨询师可以问："你能否分享一下什么让你感到如此不安？"封闭式提问通常只需要简短的肯定或否定回应，这限制了来访者表达的空间。心理咨询师在必要时使用封闭式提问，但需谨慎，并告知来访者，如："我下面会问一些需要你直接回答的问题，这样我能更好地了解情况。"

（9）尽量避免指责性、攻击性和面质性的问题　虽然以"为什么"开头的问题可能引发深入探讨，但也可能带有对立性质，导致来访者产生防卫心理，进行防御性解释。

2. 提问技术的训练步骤

心理咨询师若想提高自己的提问能力，可以进行专项的刻意练习，下面将结合具体的咨询案例来阐述提问技术的四个训练步骤。

来访者："最近我觉得心里很压抑，总是感觉喘不过气来。我觉得工作压力很大，每天都像是在和时间赛跑，感觉自己的时间完全不够用。而且，最近我和家人的关系也有些紧张，这让我感到很困扰。"

心理咨询师（内部的自我觉观，此为需要进行专项刻意练习的内容）：

第一步：提问的目标是什么？它是否有助于咨询效果？

面对来访者的状况，心理咨询师要陪伴来访者梳理本次心理咨询的目标。咨询目标的确定有助于咨询效果的提升。

第二步：我能预测出来访者的答案吗？

不能。

第三步：在既定目标下，我怎样开始组织问题才能使它们最为有效呢？

来访者提到了工作压力和家人关系两个维度的事情，心理咨询师要聚焦解决的方向，这有助于在有限的时间内获得来访者最期待的咨询效果。

第四步：我怎样才能知道我的提问是有效的？

观察来访者的语言反应与非语言反应。

假定心理咨询师在内心进行的上述的自我觉观结束，心理咨询师开始下面的实际回应。

心理咨询师："我听到你在工作方面感受到压抑、喘不过气来，与家人的关系也很紧张，这让你很困扰。这些感受确实让人很不舒服。今天只有 50 分钟的咨询时间，不一定能够全部探讨，那你在接下来的咨询里，更想探讨工作压力方面的话题，还是与家人关系方面的话题？哪一个是你最关心的、最期待解决的？"

　　来访者："我的婚姻。我妻子最近提出来要分居一段时间，我不知道怎么应对。"（来访者坐姿开始前倾，呈现出更为迫切的姿态，面部表情也呈现出愁闷状态。）

　　所以，从来访者的语言反应和非语言反应中，心理咨询师就可以得出结论，他问的问题是有效的，是有助于接下来心理咨询的开展的。

3. 心理咨询实践中常用的四类心理学派与心理咨询方法中典型的提问问句及应用

　　（1）人本主义学派　在人本主义学派中，常用的典型问句主要围绕促进来访者的自我认知、接纳和自我成长，强调来访者的个人体验和自我实现。心理咨询师会用开放性的问题鼓励来访者进行自我表达，这些问句旨在帮助来访者更深入地了解自己的内心世界，增强自我意识，并激发其潜能。

　　1）自我认知类问句：

　　①你认为自己是怎样的一个人？

　　②你能描述一下你内心的真实感受吗？

　　③在你看来，你的哪些特质或经历对你的人生有着深远的影响？

　　2）接纳与自我成长类问句：

　　①你如何接纳自己的不完美和缺点？

　　②当你面对困难和挑战时，你通常会如何应对？

　　③你觉得怎样做可以让自己更加成长和进步？

　　3）关系与沟通类问句：

　　①你认为人际关系在你的生活中扮演着怎样的角色？

　　②在你与他人相处时，你通常采取什么样的沟通方式？

　　③有没有哪段关系对你的影响特别大？你能分享一下你的感受吗？

4）目标与动机类问句：

①你目前的生活目标是什么？

②你认为这些目标对你的人生有什么意义？

③你愿意为了实现这些目标付出哪些努力？

5）情感与体验类问句：

①你最近有什么特别开心或难过的经历吗？

②当你经历这些情感时，你通常会怎么做？

③你觉得什么样的体验能够让你感到更加充实和满足？

通过这些提问，人本主义心理咨询师能够引导来访者更深入地探索自己的内心世界，促进自我认知、接纳和成长。这些问题不仅关注来访者的当下状态，也关注其未来的发展和可能性。同时，这些提问也体现了人本主义学派的核心原则：尊重个体的独特性、关注人的主观体验、强调人的自我实现潜能。

（2）认知行为疗法　认知行为疗法中的提问技术主要用于帮助来访者识别和挑战不合理的信念或思维模式，以及认识到这些思维是如何影响他们的情感和行为的，从而促进其对自身行为的理解和改变。

1）逻辑性辩论问句：

"因为 X，所以有 Y，请问这中间的逻辑是什么？"

这类问句主要用于揭示并挑战来访者信念中的逻辑问题，帮助他们认识到自己非理性的想法可能缺乏逻辑依据。

2）实证性辩论问句：

①"支持这项信念的证据在哪？"

②"你说这是真的，证据在哪？"

③"如何确定这种情况在现实中一定会发生？"

这类问句要求来访者提供客观证据来支持他们的信念，从而帮助他们认识到自己的信念可能并不符合客观现实。

3）功能型辩论问句：

①"这对你有用吗？"

②"继续这样想（这样做或有这样的感受）对你的生活有什么影响？"

这类问句聚焦于非理性信念对个人目标实现的消极影响，帮助来访者认识到他们的信念可能阻碍他们实现预期目标。

4）哲学型辩论问句：

"（困扰你的）这个方面的确无法如你所愿，还有其他生活的部分可以让你获得满足感吗？"

这类问句关注来访者的生活态度，引导他们接纳生活的不完美，并寻找其他可以带来满足感的方面。

5）苏格拉底式提问：

①"支持这个想法的证据是什么？反对这个想法的证据是什么？"

②"有没有别的解释或观点？"

③"我相信自动思维有什么影响？我改变我的想法有什么影响？"

苏格拉底式提问通过引导来访者思考的方式，帮助他们检验自动思维的正确性，发现其他解释或观点的可能性，识别并相信自动思维的影响。

6）应对灾难化思维的问句：

①"最坏会发生什么（如果我还没有想过最坏会发生什么）？如果发生了，我能如何应对？"

②"最好的结果会是什么？最现实的结果是什么？"

这类问句用于帮助来访者面对并处理灾难化思维，通过思考可能的应对方案来减少恐惧和焦虑。

这些问句是认知行为疗法中常用的工具，它们通过不同的角度和方式帮助来访者识别和改变不健康的思维模式，促进更健康的情绪和行为反应。

（3）焦点解决短期疗法　焦点解决短期疗法通过提问来引导来访者明确

其目标，识别自己的资源和潜力，关注可能的解决方案，从而促进改变并增强自我效能感。

1）成果问句：成果问句是心理咨询师在心理咨询一开始就会使用的技巧，以便理解来访者的动机与目的，并引导来访者开始朝正向、未来及以解决问题为导向的方向前进。例如：

① "今日你来到这里，你希望我如何帮助你？"

② "在心理咨询后你的生活有了什么改变，才会让你觉得来这里咨询是一个好主意？"

③ "今天你觉得我们讨论什么话题对你是最重要的？"

④ "要让今日的心理咨询真的变成一个有效果的咨询，需要讨论什么事情呢？"

⑤ "今天心理咨询结束后，若你获得了什么，就会觉得来咨询的这个决定是值得的吗？"

2）奇迹问句：奇迹问句是鼓励的、游戏性的和创造性的问句。在这里，心理咨询师要邀请来访者"越过"可能存在的困难，探索达成目标后的结果。这样来访者就会越来越清晰，做些不一样的事情就真的会使他们的未来变得不一样。"奇迹问句"旨在让来访者克服没有希望的感觉，因为奇迹终会发生。例如：

①奇迹式提问：

a. "你的想象力好吗？我要问你一个奇怪的问题。今晚在你睡觉的时候，发生了一个奇迹，这个奇迹就是让今天你谈到的所有困惑都得到解决，但在你睡着的时候你并不知道这个奇迹会发生。第二天早上醒来的时候，通过发现什么，你会知道发生了这样的奇迹？"

b. "你会有什么不同的表现？"

c. "你会做什么与现在不同的事情？"

d. "如果你不说的话，有谁会注意到发生了这个奇迹？"

e. "他们是怎么注意到的？"

f. "他们还会注意到你有哪些不同？"

②水晶球提问：

a. "如果在你面前有一个水晶球，我们可以从中看到你的未来（或你美好的未来），你猜你可能会看到什么？"

b. "如果在你面前有一个水晶球，它可以让你看到你的妻子发生了改变，她会有什么不同？之后还会有什么事情发生？"

c. "如果在你面前有一个水晶球，它可以让你看到你未来的生活，你会看到发生了些什么？"

③魔法棒提问：

a. "如果给你一支想象中的"魔法棒"，挥动它你的家人就会发生变化，你要让他们改变什么？"

b. "如果给你一支想象中的"魔法棒"，挥动它，你自己会改变什么？当你改变了，你发现自己变成了什么样子？"

④拟人化提问：

"当问题已经解决时，如果我是墙上的一只蚊子（或壁虎、壁画、吊灯、闹钟），正在看着你，我会看到你做些什么不同的事？我如何得知你的感受已经不同了？你的家人又如何可以知道呢？他们会有什么不一样？"

3）假设性问句：假设性语句（如果、假如之类的词）是询问来访者在未来（而非过去）的某特定情境下的可能想法与作为，特别是关于来访者偏好的结果或达成目标时的情景。通过预设性问句，心理咨询师帮助来访者明确其期待的目标和愿景。例如：

① "如果有一天，你走出了（某个问题或困扰）的阴影，你会看到自己在过什么样的日子？你会跟现在有何不同？"

② "如果我是你家墙上的时钟，而你家已经改变了，我会看到你在做些什么事情？"

③ "我知道这是一个困难的问题。（等待思考）假设对于这个问题，你可能知道一点点，你将会表达些什么？"

④ "我知道你很想念你刚过世的母亲，当你闭上眼睛，你会想起她什么？虽然你很难过，但想起她的好以及你们可贵的互动，会对你面对失去她的情况有什么帮助？如果她对你的积极影响在你身上发挥作用，你会有什么不同？"

⑤ "如果你可以……（达成期待），你会有什么不同？"

⑥ "一个星期后，假如情况有一点好转，那可能会是什么？"

⑦ "如果有一天你不再被与妻子吵架的事情所影响了，那时候的你会有什么不同？"

⑧ "如果有一件事可以有一点点的价值，好让你觉得有活下来的理由或力量，你觉得那可能是什么？"

⑨ "如果有一天你变得很自信了，那时候的你会如何处理同事排斥你问题？"

⑩ "如果你可以跟 ×× 人应对得一样好，你会怎么做？和以往不同的是什么？"

4）例外问句：例外问句引导来访者去发现问题不发生或不太严重的时刻，以及探讨这些例外时刻是如何发生的。例外问句促使来访者有意识地注意与参考自己过去的成功之法，让来访者从注意问题的严重性转而思考问题得以解决的可能性与具体策略，并进而提升来访者的自信心与赋能感。例如：

① "过去什么时候，你在_____方面像你期待的那样，能成功应对或感觉良好？"

② "那个时刻是怎么发生的？"

③ "过去什么时候，你们夫妻可以像你们期待的那样平心静气地讨论孩子的事情？那是怎么发生的？"

④ "以前有没有遇到过相似的困难？你那时是如何处理的，才没让事情变得更棘手？你还做了哪些有帮助的事情？"

⑤ "你认为你应该继续做什么，才能让这美好的事情继续发生？"

⑥ "跟最近的日子比起来，你如何得知你拥有较为美好的一天？别人又会注意到你有何不同？"

⑦ "当这些（例外）更常发生时，会有什么不同？这会是你想要的吗？"

⑧ "你们曾经做出的哪些不一样的事情，可以改善你们的关系？"

⑨ "你跟同学好好相处是什么时候，即使时间很短暂？"

⑩ "刚才你告诉我你害怕高处，你想一想你是否有过不怕高的时候，当时你处于怎样的状况？"

5）应对问句：应对问句是询问来访者一些很小的、被视为理所当然的行动与动力从何而来的，特别是来访者针对问题情境的自发应对与处理的问题。心理咨询师运用同理心支持来访者，有助于来访者认识到自己在困境中的积极作为，从而减轻因受挫而产生的沮丧感。例如：

① "在面对（某个困难或挑战）＿＿＿＿＿＿＿时，你是如何做到的？"

② "你能告诉我一些你成功地应对（某个问题）＿＿＿＿＿＿＿的具体例子吗？"

③ "在最近因为失恋心情不好的状态下，你都是怎么让自己坚持上班的？"

④ "我很好奇，在婚姻这么辛苦的过程中，是什么力量支撑你走过来的？"

⑤ "你采取了什么步骤，才让事情没有变得更糟？"

⑥ "在这么不乐观的情境下，你们怎么能够没有放弃？"

⑦ "面对这个困难的时候，你是如何应对的？"

⑧ "任何人都不会坐以待毙，相信你也一定会采取一些方法，能具体谈谈吗？"

⑨ "你都做了些什么来改变这种状况？"

⑩ "好多人面对你现在的状况早就放弃了，你是怎么坚持下来的？"

⑪ "我很惊讶，发生那么多的事情，你是怎么面对的？"

6）评量问句：评量问句以 1 分至 10 分为量尺，请来访者进行评量；将大的愿景或正向目标置于 10 分的位置，询问来访者目前的现况所在的分数，对照两者差异，进而询问现在与再进 1 分后的不同，并且如何获得 1 分。评量问句可将来访者的愿景转化为可具体掌握的阶段与步骤，或者将来访者的感受、态度、动机与想法等抽象概念转变成具体的量化资料，协助来访者自我澄清。例如：

① "以 1~10 分来评价，10 分是你刚说的，奇迹发生后，你能平静充实地过日子的样子，1 分是相反的状况，那么你觉得现在自己在几分的位置？"

② "想想 1~10 分评分表，10 分代表最好……那你现在处在评分表的什么位置？"

③ "你何以处在这个分数，而不是更低的分数？"

④ "若再获得 1 分，你会跟现在有什么不同？"

⑤ "你觉得需要什么才能够再获得 1 分？"

⑥ "在 1~10 分的评分表上，你对自己的分数是多少而感到满意？"

⑦ "（停顿）给一个数字（2 或 3），如果没有那么精确，就说'接近 2 或 3'？"

⑧ "达到 10 分需要多久（必要的话给予提示；5 年？更久或更快？）"

⑨ "或许获得 10 分这个目标太大了，再低一点会有可能实现吗？"

⑩ "几分是你可以接受的？"

⑪ "在评分表上多获得 1 分需要多久？"

⑫ "评分表上的分数提高了 1 分，这是你做了什么不同的事情的结果？"

⑬ "你觉得（抱怨对象，如老师、家长）_____会给你几分？"

⑭ "要想让这个人觉得你分数提高了，你要怎么做？"

⑮ "在 1~10 分的评分表上，假设 1 分代表你根本不在乎，10 分代表你可以一起来做这个事情，你今天处在什么位置？"

⑯ "在 1~10 分的评分表上，若 1 分代表你几乎没有成功的自信，10 分代表你非常有自信。今天你处在什么位置？"

⑰ "如果 10 分代表你知道你想要什么和你必须做什么，1 分则相反，你今天处于什么位置？"

7）关系问句：关系问句是指心理咨询师引导来访者探求与其重要他人之间的关系如何影响问题解决的问句。关系问句是找出来访者的重要他人，将这些重要他人引入到与来访者的互动脉络中，询问重要他人对来访者或对特定事物的观点、期待，以及重要他人对来访者的肯定与鼓励。关系问句的应用，是为了引导来访者在人际互动观点中，思考他们的生活情境中自己与别人想要的不同，进而反思如何启动目标与产生解决之道。例如：

① "如果你的爸爸在这里，他会说你在学校的什么表现让他以你为荣？"

② "如果我询问把你送来辅导室的老师，他会希望你至少有些什么改变？"

③ "如果我问你的好朋友，他们会对你的处境提出什么建议？"

④ "如果你的老板看到你有什么不同了，就不会找你麻烦了？"

⑤ "当你的改变如愿发生之后，谁会最早发现你的改变？"

⑥ "当你按时递交作业的时候，哪个老师会最早发现这一点？"

⑦ "如果你在学校有进步，谁会最先发现？他 / 她会发现你什么变化？"

⑧ "当你遇事少一些抱怨的时候，你的同事会发现你有什么不同？（会看到你在做什么？）"

⑨ "如果你的小孩发现你已经好转了，他会注意到你的第一个转变是什么？"

⑩ "如果问题都解决了，你的妻子会发现你有什么不同？"

⑪ "当你看到你的丈夫做了什么，你会相信他在努力地解决他的问题，那时你会对他说什么？"

8）差异问句：差异问句邀请来访者思考与回答：目前现况与例外经验之间，或者目前现况与美好愿景之间，有何不同的细节。除了带给来访者希望外，差异问句还能激发来访者找到目前可以开始行动的次要目标或者具体策略，以便更好地理解和解决问题。差异问句旨在帮助来访者发现和强调他们的成功经验、资源和潜能，从而构建解决问题的新视角和策略。例如：

① "在你能认真且平静地读书的时候，你会跟现在有什么不一样？你是怎么发现这个差异的？"

② "你觉得奇迹发生后的景象会与你目前的状况有什么不同？奇迹发生后，你可以做哪些现在不能做的事情？"

③ "在面对这个困难时，有没有某次你处理得特别好，与通常相比有什么不同？"

④ "你觉得在什么情况下，这个问题不太严重或者更容易应对？"

⑤ "在问题出现之前，你的生活是怎样的？与现在相比有哪些显著的不同？"

⑥ "你之前遇到过类似的挑战吗？那时你是如何解决的？"

⑦ "你能否想到一个时刻，让你感到更加接近于解决这个目标或问题？是什么让你觉得那个时刻与众不同？"

⑧ "在一天中，有没有某个时刻你感觉更好或更差？是什么导致了这种变化？"

⑨ "当你与他人相处时，有没有哪些互动让你觉得这个问题不那么突出？"

⑩ "在你的生活中，有没有某些资源或支持在特定时候特别有帮助？"

⑪ "你是否有过完全忘记这个问题的经历？那时你在做什么？"

⑫ "在你感到自己更有力量或有成就感的时候，你的行为或思维有何不同？"

9）开放式结尾问句：

① "对于你目前的状况，你有什么想法或感受想要分享吗？"

②"你觉得在解决这个问题上，我们可以从哪些方面入手？"

③"对于你目前面临的问题，你能想到一些可能的解决方案吗？"

④"假设问题得到解决，你的生活将会有哪些变化？你能详细说说吗？"

⑤"考虑到你的资源和能力，你觉得可以采取哪些步骤来实现你的目标？"

⑥"有没有哪些方面是你之前没有考虑过的，但可能对解决问题有帮助？"

⑦"在你的人际关系中，谁可能为你提供解决这个问题的帮助或建议？"

⑧"你认为在解决这个问题的过程中，哪些小事情可能对你想取得的进展产生积极影响？"

⑨"当你思考未来时，你觉得有哪些方面是值得你关注的，并可能对解决问题有所帮助？"

⑩"你能想象一下，如果你实现了你的目标，你将如何庆祝这个成就？"

⑪"假设你有一支魔法棒，可以立即改变一个与这个问题相关的方面，你会选择改变什么？"

⑫"在你思考如何前进时，有没有一些具体的事情是你想要尝试的，或者想要了解的？"

这些问句的核心在于引导来访者关注未来可能的解决方案，而不是过去的问题或困扰。同时，它们也鼓励来访者自我探索和表达，从而增强自我效能感，促进问题的解决。

（4）叙事治疗 叙事治疗常用的典型问句旨在帮助来访者通过重新叙述自己的故事，找到问题的新视角和解决方案。

1）故事重构问句：故事重构问句旨在引导来访者回顾和重新叙述自己的经历，通过讲述不同版本的故事来发现和构建更加积极、自主的身份和生命的意义。

①"你能描述一下你生活中的某个重要故事或经历吗？"

②"如果你可以重新讲述这个故事，你会如何改变其中的某些部分？"

③"你是怎么开始感受到这个问题的？"

④"这个问题对你来说意味着什么？"

⑤"你有哪些天赋和技能可以帮助你应对这种情况？"

⑥"在面对这个挑战时，你最自豪的是什么？"

⑦"如果你要写一个关于自己的故事，你会怎么描述这一章？"

⑧"你希望别人怎么理解你的经历？"

⑨"你觉得这个经历改变了你哪些方面？"

⑩"你在生活中拥有哪些支持和资源？"

⑪"你希望自己的故事接下来会发生什么？"

⑫"你能分享一个你克服困难的时刻吗？"

2）外化问题问句：外化问题问句将问题和人分开，让来访者将问题看作是一个外部的对象或实体，而非自身的一部分。这种外化有助于来访者减少自责和内疚，增强来访者面对和解决问题的勇气和能力。

①"你认为你生活中的这个问题或困难像什么？是一个敌人、一个恶魔还是一个其他的东西？"

②"当你将这个问题或困难视为一个独立的存在时，你如何与之对话或相处？"

③"如果给这个问题起个名字，你会叫它什么？"

④"它是如何进入你的生活的？"

⑤"它通常在什么时候、在哪里最活跃？"

⑥"它对你的影响是什么？"

⑦"你对它有什么感觉？"

⑧"它让你远离了哪些重要的人或事？"

⑨"在与它的斗争中，你有没有发现它的弱点？"

⑩"有没有哪些时候你成功地对抗了它？"

⑪ "它是否改变了你对某些事情的看法？"

⑫ "如果你能把它放在一边，你会做些什么不同的事情？"

3）寻找例外问句：寻找例外问句帮助来访者识别自己在面对问题时的积极经验和成功时刻，这些例外可以为来访者提供新的解决思路和方法，激发其改变的动力。

① "在你与这个问题或困难作斗争的过程中，有没有某个时刻或情境让你感到自己能够应对甚至战胜它？"

② "在那个时刻或情境下，你做了什么不同的事情？"

③ "有没有哪些时刻你成功抵抗了诱惑？"

④ "在那些时刻，你是如何做到的？"

⑤ "有哪些时候你感到自己特别强大？"

⑥ "有没有哪些人或事帮助你应对这个问题？"

⑦ "你觉得在那些成功的瞬间，有什么是与众不同的？"

⑧ "你能描述一个你完全控制了情况的时刻吗？"

⑨ "在那个时刻，你做了什么不同于以往的事情？"

⑩ "你觉得那些时刻对你来说意味着什么？"

⑪ "你能否想象再次实现那种成功的可能性？"

⑫ "从那些成功的时刻中，你学到了什么？"

4）偏好未来问句：偏好未来问句鼓励来访者想象一个不受问题困扰的未来，这种未来视角有助于激发来访者的动力，促进其制定并实现积极的生活目标。

① "如果你能够摆脱这个问题或困难的困扰，你希望自己的生活会是什么样的？"

② "想象一下，如果问题已经不存在了，你会如何度过你的一天？"

③ "你希望自己的生活是什么样子的？"

④"如果你的问题解决了，你的感受会是什么样的？"

⑤"你的理想生活有哪些要素？"

⑥"你想要成为什么样的人？"

⑦"如果你的生活是一本书，你希望下一章讲述什么故事？"

⑧"你希望建立哪些新的关系或改变现有的关系？"

⑨"如果你有魔法，你希望改变什么？"

⑩"你的生活中有哪些值得庆祝的事情？"

⑪"你希望别人如何看待你？"

⑫"如果你的生活是一幅画，它会是什么样的？"

5）内在资源问句：内在资源问句帮助来访者识别和肯定自己的内在优势和资源，这些资源可以是能力、特质、经验等，它们在来访者面对困难时能够提供支持和帮助。

①"你认为你自己有哪些能力、特质或经验可以帮助你应对这个问题？"

②"在你的故事中，有没有某个时刻或经历让你感到特别强大或有成就感？"

③"你以前是如何度过困难时期的？"

④"你认为自己的哪些特质帮助你渡过了难关？"

⑤"你觉得哪些经历让你变得更加坚强？"

⑥"你的家人和朋友会怎么描述你？"

⑦"你觉得自己的哪个优点经常被忽视？"

⑧"你在哪些情况下感到自己特别自信？"

⑨"如果你的朋友需要类似的帮助，你会怎么建议他们？"

⑩"你的哪些成就让你特别自豪？"

⑪"你觉得自己的哪些习惯或行为有助于你保持健康？"

⑫"在你遇到困难时，你通常会怎么做？"

6）关系问句：关系问句引导来访者思考问题对人际关系的影响，以及人际关系如何为来访者提供支持和帮助。这种思考有助于来访者从人际关系的角度寻找新的解决策略和方法。

① "这个问题或困难是如何影响你与他人的关系的？"

② "当你与重要的人分享这个故事时，他们的反应或建议是什么？"

③ "这个问题对你的家人和朋友有什么影响？"

④ "在你的生活中，谁是你的支持者？"

⑤ "你希望通过什么方式加强与他们的关系？"

⑥ "他们可能会如何描述你与这个问题的关系？"

⑦ "你觉得他们对你有哪些期望？"

⑧ "他们曾经给你提供过哪些帮助或建议？"

⑨ "你认为他们从你身上学到了什么？"

⑩ "如果你能够改变与他们关系中的一件事，那会是什么？"

⑪ "你觉得他们会怎样评价你最近的变化？"

⑫ "在你的家庭和朋友中，谁最能理解和支持你？"

7）意义寻找问句：意义寻找问句鼓励来访者从问题中寻找意义和价值。通过反思和领悟，来访者可以发现问题的积极面，从而增强自我认同和自我接纳。

① "你从这个问题或困难中学到了什么？"

② "你认为这个问题或困难在你的生活中扮演了什么样的角色或带来了什么样的意义？"

③ "你觉得这段经历给你带来了哪些教训？"

④ "这段经历如何改变了你对自己的看法？"

⑤ "你从这个问题中学到了什么？"

⑥ "你认为这段经历对你的未来有哪些积极影响？"

⑦ "你觉得自己在这段经历中扮演了哪些角色？"

⑧ "这段经历如何影响了你与他人的关系？"

⑨ "你认为这段经历对你的生活目标有哪些启示？"

⑩ "你觉得这段经历如何塑造了你的个性？"

⑪ "从这段经历中，你发现了自己的哪些优点？"

⑫ "你觉得这段经历对你的意义是什么？"

8）行动计划问句：行动计划问句帮助来访者制订具体的行动计划和目标，以实现其理想中的未来。这些行动计划有助于将叙事治疗中的理论思考转化为实际行动和实践。

① "为了实现你理想中的未来，你打算做些什么？"

② "你如何将这些想法或计划付诸行动？"

③ "你打算如何实施这个计划？"

④ "你需要哪些资源来实现你的目标？"

⑤ "你觉得哪些步骤可以带你更接近你的目标？"

⑥ "你可以采取哪些小行动来实现改变？"

⑦ "你觉得在这个过程中，谁可以成为你的支持者？"

⑧ "你希望在一个月内看到哪些变化？"

⑨ "你觉得需要克服哪些障碍？"

⑩ "你打算如何记录和评估你的进展？"

⑪ "你觉得实现这个目标后，你的生活会发生什么变化？"

⑫ "你是否已经想象过实施这个计划的情景？"

这些问句的目的是为了帮助来访者解构自己对问题的固有认知，从新的角度看待自己的生活经历，并发现改变的可能性，从而找到新的解决方式，构建更加积极的关于自己的故事。叙事治疗鼓励来访者将问题视为生活故事中的一部分，而非定义自己的全部。通过重新叙述故事，来访者可以找到新的意义和解决方案，从而改善自己的心理健康和生活质量。在实际运用时，每个问题都需要根据来访者的具体情况进行调整。

二、解释技术的应用

1. 心理咨询中解释的指导原则

解释技术是指心理咨询师在心理咨询过程中，运用心理学相关理论与知识来描述来访者的思想、情感和行为的原因、实质等，或者对某些抽象、复杂的心理现象、过程等进行解释的一种技术。该技术旨在帮助来访者从一个新的、更全面的角度重新面对困扰、周围环境及自己，并借助新的观念和思想加深了解自身的行为、思想和情感，从而产生领悟，提高认识，促进变化。

具体来说，解释技术有以下几个要点需要掌握：

（1）理论基础　解释技术立足于心理学的理论和心理咨询师的咨询经验，为来访者提供一种认识自身状态及认识自己和周围关系的新思维、新理论、新方法。

（2）心理咨询师的作用　心理咨询师根据掌握的理论和经验，针对不同来访者的不同问题，做出各种不同的解释。在这一过程中，心理咨询师需要准确把握情况，确保解释与来访者的实际情况和需求紧密相关。

（3）解释的目的　解释技术使来访者能够从一个新的、更全面的角度看待自己的问题，加深对自己的了解和认识，从而产生新的领悟，有助于促进个人的成长和变化。

（4）解释技术与释意技术的区别　释意技术主要关注来访者的本意和参考框架，而解释技术则以对来访者的理解和接纳为基础，侧重于心理咨询师运用自己的理论和经验为来访者提供新的理解和视角，但应避免强加观点或理论。

（5）应用的注意事项　在运用解释技术时，心理咨询师需要注意解释的方式和语气，避免以权威的身份或强迫的口吻迫使来访者执行。同时，解释的内容应清晰、明确、易于理解，让来访者真正理解指导的内容，并留有足够的空间让来访者自行思考和探索。

2. 解释技术的训练步骤

第一步：心理咨询师自问："来访者提供的信息中隐含的内容是什么？"

第二步：心理咨询师自问："我对这个问题的看法符合来访者的认知和文化背景吗？"

第二步：心理咨询师自问："我如何知道我的解释是否有效？"

下面用心理咨询案例来呈现心理咨询师针对解释技术的自我训练过程。

来访者（具有厌食症的高中学生）："我知道妈妈担心我，但是我妈做的东西我都不想吃。她觉得都是能增加营养的食物，就逼着我吃，我挺难受的。"

心理咨询师自问一："来访者提供的信息中隐含的内容是什么？"

来访者不是不能吃任何食物，只是不喜欢吃妈妈准备的食物，但又知道妈妈的担心，又不喜欢妈妈强迫自己吃东西的方式，因此感觉挺难受的。来访者对于能吃什么食物，应该有自己的看法。

心理咨询师自问二："我对这个问题的看法符合来访者的认知和文化背景吗？"

来访者目前还健在，说明来访者一定是能吃些食物的。也许，来访者对于能吃什么与他的妈妈有关营养食品的看法不同，可以考虑进一步确认。

心理咨询师实际的解释反应：

"尽管你不太喜欢妈妈准备的食物，你似乎为了避免妈妈的担心，好像还是能吃一点儿的，但这种感受让你挺难受的，尤其是在强迫自己吃的状态下。目前这个病症就是会让你比较在意身材，因此你对食物也会有自己的看法和理解。听起来，你似乎不是什么食物都不能吃，而是在你自己选择想吃的食物方面，似乎与妈妈有不同的看法？"

心理咨询师自问三："我如何知道我的解释是否有效？"

来访者："我觉得应该吃健康的食物，而不是我妈认为的有营养的食物。"

心理咨询师观察来访者的回应，可见来访者接受了心理咨询师的解释。

3. 常见心理学派和心理咨询方法中的解释技术及其应用

（1）精神分析学派 精神分析学派，尤其是经典弗洛伊德理论，强调对来访者的梦境、自由联想、过失和阻抗进行解释，从而揭示潜意识中的冲突和动态。心理咨询师使用解释技术来帮助来访者理解自己的无意识动机和欲望。例如，一名性格内向、不善于人际交流且生活贫困的保险推销员，经常出现丢手机的现象。表面上是他粗心大意，但精神分析学派认为，过失（如遗忘、口误等）并不是无缘无故产生的，而是由来访者潜意识中的相反感情或矛盾意图所致。当两种相互矛盾且力量相当的意图同时存在时，来访者就可能出现过失。所以，这名保险推销员的内在是想规避人际交流的，但其工作性质又需要他频繁使用手机与客户进行沟通，因此才会出现经常遗失手机的现象。

（2）认知行为疗法 认知行为疗法也使用解释技术，特别是当来访者陷入消极的思维模式或行为习惯时，心理咨询师会解释这些思维和行为模式如何影响情感和行为，并提供新的认知框架，帮助来访者重新评估和调整他们的思维方式。

解释技术的运用主要包括以下几个步骤：

1）识别认知扭曲。心理咨询师引导来访者反思和识别不合理的思维方式、信念和情绪反应。

2）解释和提出改变建议。心理咨询师向来访者解释这些不合理的思维方式等如何影响他们的情绪和行为，并提出具体的改变建议。

3）建立新的认知模式。心理咨询师鼓励来访者尝试用新的思维方式看待问题，并帮助他们建立积极、健康的认知模式。

4）解释和强化。心理咨询师解释新的认知模式的优点和好处，并强化来访者对这种模式的认同和接受。

通过以上步骤，心理咨询师帮助来访者识别和改变不合理的思维方式，建立积极的、健康的认知模式，从而改善他们的情绪和行为。

（3）人本主义学派　尽管人本主义学派强调来访者的自我实现和成长，但心理咨询师有时也会使用解释技术来帮助来访者理解自己的情感和行为背后的意义，以及它们如何阻碍或促进个人的成长和发展。

（4）后现代心理学派　后现代心理学派的心理咨询师可能会使用解释技术来挑战和重新构建来访者的自我叙事，从而促进来访者自我认知的改变和自我成长。

三、提供信息技术的应用

提供信息在心理咨询中，是指心理咨询师为了协助来访者更好地了解问题、做出决策、规划行动或解决问题，而向来访者提供与其个人经历、事件、人物等相关的资料或事实。这一过程是心理咨询师与来访者之间基于语言交流的互动方式，旨在帮助来访者获得新的观点、方法或知识，从而增强其自我改变的力量。

为来访者何时提供信息、提供什么信息以及怎样提供信息，心理咨询师可参照以下三个维度进行思考和训练：

1．"何时"——认识到来访者何时需要信息

（1）识别出来访者目前已有的信息。

（2）判断来访者目前的信息是否基于事实，是否充分。

（3）要等到来访者做好准备接收新信息，避免过早地提供信息。

2．"什么"——应提供哪种类型的信息

（1）确定对来访者有用的信息类型。

（2）将有关的事实全部呈现出来，不要让来访者回避不好的信息。

（3）确定提供信息的顺序。

（4）确定信息是否与来访者的文化背景相容。

3．"怎样"——会谈中应如何传递信息

（1）避免使用专业术语。

（2）明确信息的可靠来源，使信息准确。

（3）限制一次会谈所提供的信息量，不要超负荷。

（4）询问来访者对信息的感受。

（5）知道何时停止提供信息。

（6）用纸和笔强调重要的观点或事实。

4. 提供信息技术的心理咨询案例

来访者（35岁的女士）有两个十几岁的女儿，在一家大型工程公司任执行秘书。她与丈夫的关系很糟糕，已经持续几年时间了。她想离婚，但又犹豫，因为她担心会被别人认为是在制造麻烦，也害怕因此失去工作，再者她也怕光靠自己一人的力量难以在经济上养育两个女儿。但她相信，离婚会令她高兴，并从根本上解决自己的内部冲突。

心理咨询师（运用提供信息技术）："谈到你的情况，我打算说几件事情。首先，你可以考虑找一个专门处理离婚问题的律师，这对你可能会有用，他可以告诉你关于离婚的后果和程序方面的基本信息。通常情况下，人们不会因为离婚而丢了工作。而且，在大多数情况下，在孩子成年前，你可以要求你的丈夫付抚养费。我建议你与律师谈谈这些问题。我想用些时间与你讨论的另一个事情是，你认为离婚后会感到很快乐，真的很有可能是这样。但是，你也要记住，结束一种关系的过程，即使是一种糟糕的关系，都会让人内心非常不宁。它不仅会使你得到解脱，也常常带来丧失的感觉，而且可能会使你为自己和你的孩子感到悲伤。"

四、即时化技术的应用

即时化是心理咨询师在心理咨询中描述此时此刻发生的事情的技术。即时化也被认为是一种真诚、直接、互动的会谈方式。即时化虽然也涉及自我流露，但是它只与当前情感的自我流露有关。在建立彼此关系的过程中，当来访者回避即时化时，距离感就会产生。

1. 即时化技术在心理咨询过程中的运用

在心理咨询过程中，心理咨询师可以在三个方面运用即时化技术。

（1）心理咨询师的想法、情感或行为。

（2）来访者的想法、情感或行为。

（3）两者的相互关系。

2. 即时化技术运用的例子

在心理咨询过程中，当心理咨询师的想法或情感出现的"那一时刻"，心理咨询师要将它们表达出来。例如：

"今天很高兴见到你。"

"很抱歉，目前我很难抓住重点，让我们再重复一遍。"

心理咨询师要给来访者一些反馈，将来访者当下表现出的行为和情感告诉他们。例如：

"你现在有些坐立不安，看起来不太舒服。"

"现在你真的笑了。关于那件事你一定非常高兴。"

心理咨询师要表达出他对咨询关系的看法和情感。例如：

"我很高兴你能与我共享。"

"今天我们建立起来的关系，使我感到很高兴。"

3. 为了提升即时化技术的应用能力，心理咨询师可以尝试应用如下五个步骤进行自我内在思考和训练

自问一：现在正发生着哪些事情？我、来访者和我们之间的互动需要我们进行讨论？

自问二：我如何对这个问题做出即时化反应？

自问三：我如何以描述性而非评价性的方式讲述这个情境或行为？

自问四：我如何识别这个情境或行为的具体效应？

自问五：我将如何得知我做出的即时化反应对来访者有用？

下面应用一个例子来呈现心理咨询师自我训练的过程。

来访者已经第三次来晚了，心理咨询师对此有些担心。原因包括，这影响了心理咨询师的时间安排，也让心理咨询师担心来访者对于心理咨询的投入程度。

自问一："现在正发生着哪些事情？我、来访者和我们之间的互动需要我们进行讨论？"

来访者已经迟到三次了。

自问二："我如何对这个问题做出即时化反应？"

使用"现在准时来到咨询室"这种方式进行即时化反应。

自问三："我如何以描述性而非评价性的方式讲述这个情境或行为？"

我意识到，你现在准时来到这里有些困难。

自问四："我如何识别这个情境或行为的具体效应？"

描述我在这个过程中看到的：三次迟到可能对咨询效果产生影响。

自问五："我将如何得知我做出的即时化反应对来访者有用？"

观察来访者的回应内容。

心理咨询师（即时化技术）："我意识到，你现在准时来到这里有些困难，对此我感到不太舒服。我现在对你何时能来，以及是否能来进行咨询，感到不能把握。我也不能确定你是否还很愿意来这里咨询。你对这个想法，是怎么认为的呢？"

来访者："其实，我每次出门前都要做一番心理建设，感觉还是有些压力，不知道通过心理咨询能挖出什么来。"

通过来访者的反应，心理咨询师可以觉察一下自己在咨询过程中是否没有给来访者建立起充分的安全感和信任关系，对于来访者的自我内在探索是不是有些过快或过深。

五、自我暴露技术的应用

自我暴露技术也称自我揭示技术，是心理咨询中咨询师在适当的情况下，公开自己与来访者相似或相关的经验，与来访者分享，从而促进来访者袒露内心世界的技术。这一技术旨在帮助来访者对自己的感觉、想法与行为后果有进一步的了解，并从中获得积极启示。它不仅是心理咨询师与来访者建立信任关系的重要手段，也是促进心理咨询深入进行的有效方法。

1. 心理咨询中自我暴露技术的应用指导原则

应用自我暴露技术时，心理咨询师还需要注意适度、真实和尊重三个原则。

（1）适度原则　心理咨询师自我暴露的程度应适中，不宜过多或过少。过多的自我暴露可能会让来访者感到困惑或转移焦点；过少的自我暴露则可能难以形成有效的示范效应。

（2）真实原则　心理咨询师应确保所分享的经历或感受是真实的，避免虚构或夸大其词。真实地分享有助于心理咨询师与来访者建立信任关系，而虚假的分享则可能破坏这种关系。

（3）尊重原则　心理咨询师在分享自己的经历或感受时，应尊重来访者的隐私和感受，避免触及敏感话题或引起不必要的伤害。

2. 自我暴露技术的训练步骤

在应用自我暴露技术时，心理咨询师可以依据下面四个步骤进行自问与训练：

自问一：我现在要进行自我暴露的原因是什么？是与来访者的需要和表

述有关,还是与我自己的需要和投射有关?

自问二:对于这个来访者及其问题的性质和诊断,我了解什么? 这个来访者能否利用自我暴露技术?

自问三:我如何知道对这个来访者使用自我暴露技术的时机是否恰当?

自问四:我将如何知道我的自我暴露技术的应用是否有效?

3. 自我暴露技术的具体应用

在心理咨询中,自我暴露技术的具体应用体现在以下几个方面:

(1)增进咨询关系 心理咨询师在初次会谈中,通过分享自己刚开始从事咨询工作时也感到紧张不安的经历,让来访者感受到心理咨询师的真诚和人性化,从而更容易建立信任关系。这种信任关系为后续的心理咨询工作奠定了良好的基础。

(2)形成示范效应 当来访者难以启齿自己的某些经历或感受时,心理咨询师可以首先分享自己类似但伤害较轻微的经历,如"我也曾有过类似的感受,不过后来我发现……",这样的表述可以鼓励来访者逐渐放开自己,展现自己的内心世界。

(3)促进深入思考 在探讨某个具体问题时,心理咨询师可以通过分享自己过去的思考过程或应对策略,引导来访者从不同的角度思考问题。例如,来访者可能因为失败而沮丧,心理咨询师可以分享自己曾经如何面对失败并从中学习的经历,激发来访者积极思考。

(4)提供情感支持 当来访者表达强烈的负面情绪时,心理咨询师可以通过自我暴露表达共情和理解。例如:"我也曾有过类似的经历,真的是很痛。但请相信,这些感受会随着时间的推移而逐渐减轻。"这样的表达有助于来访者感受到被理解和支持,从而更容易接受心理咨询师的帮助。

综上所述,自我暴露技术在心理咨询中具有重要的应用价值。通过恰当的自我暴露,心理咨询师可以增进与来访者之间的信任关系、形成示范效应、促进来访者深入思考并为来访者提供情感支持。

六、面质技术的应用

面质技术也称作对质技术、对峙技术或正视现实技术等，是心理咨询过程中心理咨询师用来明确指出来访者身上存在的矛盾之处，并促使其直面这些问题的技术。面质技术不仅限于心理咨询师对来访者的当面质疑，更重要的是引导来访者勇于自我面对，激发其内在的改变动力，从而实现更深刻的自我认识和更积极的自我改变。

下面列出信息矛盾的五种主要类型，同时举例描述心理咨询师面质技术的应用。

1. 语言与行为不一致

来访者说"我打算给她打电话"（语言信息），但是他又说他上周并没有给她打电话（行动）。

心理咨询师的面质："你说你要打电话给她，可到现在为止，你并没有这样做。"

来访者说"我对我们之间的关系就这样结束感到很高兴，这样或许更好"（语言信息），但他说话的速度很慢，音调也很低（非语言信息）。

心理咨询师的面质："你说对关系的结束感到很高兴，但你的语气同时又暗示出你可能还有一些其他的感受。"

心理咨询师这样的面质帮助来访者意识到自己的言行不一致，进而可能引发其自我反思和改变。

2. 前言与后语不一致

来访者说"他与很多人交往，我并不为此感到烦恼（语言信息一）。但是我想，我们的关系对他来说应该意味着更多的东西（语言信息二）"。

心理咨询师的面质："开始时，你说你感到他的行为没有什么不妥，而现在你又觉得难过，因为你们的关系对他来说不像对你那么重要。"

3. 两个非语言信息之间明显不一致

（1）来访者又哭（非语言信息一）又笑（非语言信息二）。

心理咨询师的面质："在笑的同时，你却又在哭。"

（2）来访者直视心理咨询师（非语言信息一），然后把椅子搬离心理咨询师（非语言信息二）。

心理咨询师的面质："在你谈到这些内容时，你能直视我，同时又与我保持距离。"

4. 两个人之间的意见不一致（心理咨询师/来访者、父母/孩子、老师/学生、配偶双方等）

来访者认为心理咨询过程中的自己表现不佳，但心理咨询师认为来访者配合得很好。

心理咨询师的面质："你觉得在我们的谈话中你表现得不好，但我却觉得你配合得很不错，这里发生了什么呢？"

这样的面质有助于双方共同探讨和澄清对咨询关系的看法，促进心理咨询的顺利进行。

5. 语言信息和背景或情境之间矛盾

一对年轻夫妇在过去三年中一直吵架，他们想通过生一个孩子来改善他们的婚姻。

心理咨询师的面质："目前你们在相处过程中经常因为很多琐事产生矛盾，还不太清楚如何改善你们之间的关系。现在你们说想通过生一个孩子来改善你们的关系。许多家庭因为孩子的出生，只会增加更多的事情，可能不仅仅是你们双方，也可能会涉及双方父母。你们会怎样处理多重关系呢？"

下面将用一个例子来呈现心理咨询师在面质技术应用过程中的自我内部思考与训练。

来访者（说话缓慢，声音软弱）："教训儿子是件很困难的事，我知道我太纵容他，我也知道对他需要给予一定的约束。但我就是不能这样做。基本上讲，我允许他做自己喜欢的事情。"

心理咨询师（内部认知对话过程）：

自问一：在与来访者交流的过程中，我看到、听到和掌握的冲突或矛盾信息有哪些？

矛盾存在于两个语言信息之间以及语言信息和行为之间：来访者知道应该给儿子一定的约束，但实际上没有给他任何约束。

自问二：我对这名来访者进行面质的目的是什么？此时面质对这个来访者是否有用？

我的目的是要指出来访者对儿子实际做的与他想要做但还没做的事情之间存在着矛盾，并在面质的同时给予他支持。好像没有任何线索显示，此时使用面质技术会使他更具防御性。

自问三：我怎样总结矛盾或歪曲中的各种元素？

来访者相信约束将有助于儿子成长，然而同时来访者又不去实行约束。

自问四：我将怎样才能知道面质是否有效？

观察来访者的反应，看他是否承认这种矛盾的存在。

假设这时心理咨询师结束内心自语，可能会有如下的回应：

心理咨询师的面质："××，一方面你觉得约束会有助于你儿子成长，同时你又让他我行我素。你怎样把这两者结合起来呢？"

来访者的反应："我确实觉得他必须得到约束，因为他现在变得越来越骄纵，他要被惯坏了。这一切我都明白。可是，我就是狠不下心来。"

所以，心理咨询师对来访者的当面质疑，让来访者更深刻地认识到自己无法教训儿子是因为自己狠不下心，如接下来对此进行探索，就可能激发其内在的改变动力，以更积极的态度去实现自我改变。

第三节　能力训练

一、提问技术训练

请根据下面来访者的表达，运用你熟悉的心理学派或者多个心理学派的理论进行提问。试一试，面对来访者的表达，你可以用多少种表达方式提问？

◣ **案例一：**

来访者："最近这段时间，我感觉自己像是被困在了一个迷宫里，四周都是墙，怎么走都走不出来。在职场上，我饱受恐惧与焦虑的困扰，对工作任务产生了莫名的畏惧心理，生怕稍有差池便酿成大错。每当面临新项目的挑战，我的心绪便如乱麻般纷扰不安，夜晚更是辗转反侧，难以入眠。即便是最为寻常的任务，我也会不自觉地陷入过度检查的循环之中，力求完美无缺，此举非但未能提升效率，反而在无形中加剧了同事间对我拖延与不负责任的误解。生活中我发现自己越来越难以放松，总是处于一种紧绷的状态。朋友聚会时，我也经常心不在焉，很难投入到当下的氛围中。我感觉自己就像是一个旁观者，看着别人的生活丰富多彩，而自己却像是被隔离在外。"

心理咨询师：

提问一：_____

提问二：_____

提问三：_____

……

⬛ 案例二：

来访者："最近我总是对自己的未来感到特别迷茫。我一直以来都有一个梦想，但似乎离它越来越远。我在工作中很努力，但总觉得这不是我想要的生活。我开始质疑自己的选择，是不是一开始就走错了路？我发现自己和伴侣、家人的关系也变得越来越紧张。我总是因为一些小事而发脾气，事后又后悔不已。我知道这样不好，但每次情绪上来的时候，我就控制不住自己。"

心理咨询师：

提问一：＿＿＿＿＿＿＿＿＿＿＿＿＿＿＿＿＿＿＿＿＿＿＿

提问二：＿＿＿＿＿＿＿＿＿＿＿＿＿＿＿＿＿＿＿＿＿＿＿

提问三：＿＿＿＿＿＿＿＿＿＿＿＿＿＿＿＿＿＿＿＿＿＿＿

......

二、解释技术训练

请利用解释技术的三个训练步骤，根据来访者的表达，给出带有解释性的回应内容。

1. 来访者提供的信息中隐含的内容是什么？

2. 我对这个问题的看法符合来访者的认知和文化背景吗？

3. 我如何知道我的解释是否有效？

⬛ 案例：

来访者："一个月前，我的父亲过世了，我内心极度痛苦且深感无助。我尝试去应对这一沉重的打击，然而每日醒来，那种失去他的感受宛如一块沉重的巨石压在我的胸膛，使我几近窒息。可是，我着实不知道究竟该如何是好。我觉得自己仿佛被困在了往昔的回忆之中，难以迈出前行的步伐。"

心理咨询师的回应：

＿＿＿＿＿＿＿＿＿＿＿＿＿＿＿＿＿＿＿＿＿＿＿＿＿＿＿＿＿＿＿＿

＿＿＿＿＿＿＿＿＿＿＿＿＿＿＿＿＿＿＿＿＿＿＿＿＿＿＿＿＿＿＿＿

三、提供信息技术训练

阅读下面的心理咨询对话，对心理咨询师的自我反思进行思考和回应。

心理咨询师："我们之前谈到了你在面对职场压力时感到的一些困扰，特别是关于时间管理和工作效率的问题。我想，在这方面，有一些具体的方法和技巧或许能对你有所帮助。你愿意听一听吗？"

来访者："当然，我很愿意了解这些。我一直觉得自己在时间管理上做得不够好，经常感觉一天下来什么都没完成。"

心理咨询师："很好。首先，我想介绍一个叫作'时间块'的方法。这个方法建议我们将工作时间划分为不同的时间段，每个时间段专注于完成一项特定的任务。这样做的好处是能帮助我们减少任务切换带来的干扰，提高专注度和效率。比如，你可以设定9:00到11:00是处理邮件和回复信息的时间，接下来的两个小时则专注于项目策划。"

来访者："听起来很实用。我之前确实经常同时处理好几件事情，结果每件事都做得不怎么好。"

心理咨询师："没错，多任务处理往往会让我们觉得忙碌，但实际上效率并不高。另外，我还想推荐一个工具叫作'待办事项清单'。这不是简单地列出所有要做的事情，而是要对这些任务进行优先级排序，确保我们最先完成最重要或最紧急的任务。同时，完成一项任务后，从清单上划掉它，也能带来一种成就感，激励我们继续前进。"

来访者："这听起来很不错。我以前也试过列清单，但总是忘记去更新它，结果就变成了形式主义。"

心理咨询师："确实，保持清单的更新和实用性很重要。你可以尝试每天或每周花几分钟时间回顾和更新你的清单，确保它真正反映了你当前的工作状态和优先级。此外，你也可以利用一些手机应用或电子表格来帮助你更高效地管理待办事项。"

来访者："谢谢你的建议，我会尝试这些方法的。感觉有了这些具体的技巧和工具，我对改善自己的时间管理更有信心了。"

心理咨询师："很高兴听到你这么说，××（来访者的名字）。记住，改变需要时间和耐心，但只要你持续努力，一定会看到进步。在尝试过程中遇到任何问题或需要进一步帮助，随时都可以来找我。"

心理咨询师的自我反思：

1. 对于上述案例的内容，你阅读后是怎样的感受？如果你是心理咨询师，可能与上述心理咨询师做的相同的事情是什么，不同的事情是什么？

2. 信息提供技术和心理咨询中给来访者提供建议方案这两种方式是否一致？如有差异，则差异之处是什么？你如何理解？

3. 对于信息提供技术的应用时机，你觉得需要注意些什么？或者你觉得来访者这边出现怎样的迹象，才是应用信息提供技术的时机？

4. 在应用信息提供技术时，你最需要注意的是什么？一定要避免的是什么？

四、即时化技术训练

情景一：任何时候只要提起来访者的学习成绩，她就会停止谈话。

心理咨询师的即时化反应："每次当我提起学校的成绩，就像现在，你就似乎要回避这个话题。"

情景二：来访者问了几个有关心理咨询师能力和资格的问题。

心理咨询师的即时化反应："我意识到，了解更多有关我和我的背景及资格的信息，现在似乎对你来说是非常重要的。我觉得，你正在担心我能在多大程度上帮助你，以及你和我在一起能感到多大程度的舒适。你对我说的话有什么反应？也许你也有一些想法要告诉我，如果是这样，我很愿意听。"

情景三：心理咨询师感到自己和来访者之间存在着高度的紧张和戒备，你们两个似乎都以"温和的手段"对待彼此。心理咨询师注意到了自己躯体紧张的感觉，并且来访者躯体紧张的表现也很明显。

心理咨询师的即时化反应："我注意到现在我的身体很紧张，你也很紧张地看着我。我感到我们彼此还不太习惯，我们似乎正以一种非常戒备和小心的方式相处。我不是非常确定这是怎么回事。你对这有什么反应？"

根据上述三个情景和心理咨询师的即时化反应，使用下列这五个自我提问，解析心理咨询师对来访者使用即时化技术的思考过程。

自问一：现在发生了什么需要进行讨论？

_____

_____

自问二：我如何对这个问题做出即时化反应，来讨论这个问题？

_____

_____

自问三：我如何以描述性而非评价性的方式叙述这个情境或行为？

_____

_____

自问四：我如何识别这个情境或行为的具体效应？

_____

_____

自问五：我将如何得知，我的即时化反应对来访者有用？

_____

_____

09

第九章

核心能力训练 7：
心理咨询过程中的资源探索

第一节　理论要点

在心理咨询过程中，探索资源是一个至关重要的环节。它涉及如何帮助来访者发掘自身内在的力量和优势以应对生活中的挑战和困难。在心理学领域，有多个心理学派的理论都关注资源探索与利用，以下将详细介绍其中几个心理学派和心理咨询方法的主要内容。

一、认知行为疗法

认知行为疗法在资源探索的过程中，通过其独特的理论框架，引导来访者深入剖析并突破心理障碍，挖掘出自身潜在的资源和优势。认知行为疗法巧妙地运用多种工具和技巧，帮助来访者识别和挑战那些不合理信念，这是心理问题的重要成因。认知行为疗法中的常见的不合理信念如下：

1. 过度概括化

过度概括化是一种常见的不合理思维方式。来访者往往将一次或少数几次的负面经历泛化为对整个生活或自我的全面否定。例如，一次工作失误可能导致来访者认为自己一无是处，从此丧失自信。在认知行为疗法中，心理咨询师通过帮助来访者识别并纠正这种过度概括化的思维方式，使其能够更客观地看待自己和生活。

2. 灾难化思维

灾难化思维是指来访者将一些小概率的负面事件或情境过分夸大，认为它们必然会导致灾难性的后果。这种思维方式常常导致来访者陷入焦虑和恐惧之中。认知行为疗法通过引导来访者客观评估风险、挑战不合理信念，帮助来访者建立更为现实的思维模式。

3. 完美主义倾向

完美主义倾向是指来访者对自己或他人持有过高的期望和标准，容不得半点瑕疵或失误。这种不合理信念往往导致来访者陷入自责和挫败感之中。认知行为疗法通过帮助来访者调整期望、接受不完美，使其能够更加宽容地对待自己和他人。

4. 情绪化推理

情绪化推理是指来访者以自己的情绪状态作为判断事实的依据，而不是基于客观证据。例如，当来访者感到沮丧时，他们可能认为自己注定会失败，而忽视了可能存在的积极因素。认知行为疗法通过教授来访者使用更为客观的评估标准来挑战这种不合理的推理方式。

5. 绝对化要求

绝对化要求是指来访者对自己或他人持有绝对化的标准和期望，不容许有任何变通或例外。这种不合理的信念往往导致来访者陷入到僵化和偏执的思维模式中。认知行为疗法通过帮助来访者认识到生活中的多样性和复杂性，学会灵活应对各种情况，从而摆脱绝对化要求的束缚。

然而，在认知行为疗法的指导下，来访者开始重新审视自己的思维模式，逐步摒弃消极的、片面的观念，建立起更为积极、现实的自我认知。在这个过程中，心理咨询师扮演着关键角色。他们不仅耐心倾听来访者的内心诉求，还通过教授认知重构技巧，帮助来访者重塑思维模式。这些技巧为来访者提供了重新评估自身能力和价值的视角，使他们能够发现那些被忽视或压抑的潜在资源。这些资源可能表现为来访者潜在的才能或深藏不露的潜能，在认知行为疗法的引导下逐渐展现其真实面貌。来访者开始认识到自己并非一无是处，而是拥有丰富的内在资源等待发掘。他们逐渐敢于面对生活中的挑战和困难，善于利用自身的资源和优势，创造出属于自己的精彩人生。

因此，可以说认知行为疗法在资源探索方面展现出了卓越的洞察力和实践价值。它帮助来访者突破心理障碍，重新认识自己的价值和能力，为来访者成长和发展提供了有力的支持。

二、人本主义学派

人本主义学派，特别是卡尔·罗杰斯提出的来访者中心疗法，强调来访者的主观体验和自我实现。在这样的环境中，来访者不再受到外界的束缚，他们可以自由地探索自己的内心世界，追寻那些被遗忘或被忽视的部分。在这个过程中，来访者逐渐发现，自己并不是孤立无援的，而是拥有无尽的内在资源和潜能，只要给予足够的关注和支持，这些资源和潜能就会像泉水般源源不断地涌现出来。

人本主义学派心理咨询师在这个过程中扮演着关键的角色。他们运用同理心，深入到来访者的内心世界，感受他们的喜怒哀乐，理解他们的困惑和挣扎。同时，心理咨询师还通过无条件积极关注的方式，向来访者传递出温暖和支持的信息，让来访者感受到被接纳和被重视。这种关注和接纳让来访者感到自己的存在是有价值的，从而更加勇敢地面对自己的内心世界，探索自己的潜能和力量。

在资源探索的过程中，人本主义学派心理咨询师还通过一系列的专业技巧，帮助来访者建立自我认知和自我成长的能力，引导来访者重新审视自己的价值观和信念，发现那些阻碍自我实现的错误观念，并逐步建立起更为积极、健康的自我形象。同时，心理咨询师还鼓励来访者勇敢地追求自己的梦想和目标，发挥自己的潜能和才能，实现自我价值的最大化。

人本主义学派在资源探索方面展现出了独特的优势。它不仅关注来访者的心理状态，更重视来访者的主观体验和自我实现。通过营造一个安全、支持的环境，并运用同理心和无条件积极关注等技术，人本主义学派心理咨询师帮助来访者发现其内在的力量和潜能，促进他们的自我认知和成长。

三、后现代心理学派

后现代心理学派是一种多元化的心理学领域，它结合了多种理论与方法论，强调来访者的经验的社会性和文化性。以下是一些重要的理论分支：

1）建构主义心理学以其深邃且独到的见解，阐述了心理现象的形成过程。它认为，心理现象并不是孤立存在的，而是在个体与其环境之间复杂而微妙的相互作用中逐渐构建起来的。这一理论尤为强调主观体验的独特性和个体在构建意义时的核心地位，倡导在心理咨询过程中充分尊重并引导来访者去探索和发现自身的内心世界。

2）解构主义心理学深受德里达等解构主义哲学家的启发，它以独特的视角审视了语言和文本在心理现象形成中的作用。解构主义心理学认为，语言和文本不仅是表达思想的工具，更是构成心理现象的重要元素。通过解构这些语言和文本，心理咨询师可以揭示出隐藏在其中的有意义的结构，进而深入理解来访者的内心世界。

3）后认知主义则对传统的知识产生方式提出了质疑，它深入探讨了知识和信仰是如何形成的，并反思了科学知识的局限性。这一学派认为，我们的知识和信仰并非绝对真理，而是受到多种因素的影响和制约。因此，在心理咨询过程中，后认知主义的心理咨询师鼓励来访者以开放和批判的态度审视自己的信念和假设，以便更好地理解和应对生活中的问题。

4）多元文化心理学则关注不同文化背景对心理过程的影响，并强调在心理咨询和治疗中尊重和融入多元文化的观点。多元文化心理学认为，每种文化都有其独特的心理特征和表达方式，因此，在心理咨询过程中需要充分考虑来访者的文化背景和价值观。通过理解和尊重多元文化，多元文化心理学帮助来访者更好地认识自己、接纳自己，并发挥自身的潜能。

5）作为一种后现代心理治疗模式，叙事治疗是一种以故事和叙事为核心的心理学理论，它强调来访者的生活故事对于身份建构和自我理解的重要性。其在来访者资源探索方面的独特价值日渐显现。叙事治疗不仅关注来访者的问题与困境，更鼓励来访者讲述自己的故事，通过回忆和反思自己的经历来发掘内在的力量和资源，心理咨询师则通过倾听和理解来访者的故事，帮助他们重新构建积极的自我认同和生命意义，帮助来访者重写生活故事，拥有更美好的未来。

在理论内容上，叙事治疗强调来访者的生命故事由无数个主线故事与支线故事共同构成。主线故事往往是那些被来访者反复讲述、深深刻画的问题故事，它们可能源于过去的创伤、挫败或困境。而支线故事则是那些隐藏在主线故事背后，未被充分关注或认可的经历与体验，它们可能包含着来访者的力量、智慧与潜能。叙事治疗通过引导来访者重新审视自己的故事，发现那些被忽视的支线故事，从而重新构建自我认同与生命的意义。

在实践操作中，心理咨询师与来访者一同工作，探索那些隐藏在问题背后的资源与力量。心理咨询师通过倾听、提问与反馈，帮助来访者从全新的视角看待自己的问题，发掘那些未被觉察的支线故事。同时，心理咨询师还会引导来访者想象一个更加美好的未来，鼓励他们为实现这个未来而努力。

值得一提的是，叙事治疗在资源探索方面的实践不仅涉及个体层面，还可以拓展到家庭、社区等更广泛的社会层面。例如，在帮助青少年应对心理健康问题时，叙事治疗可以引导家庭成员共同参与，共同探索青少年的内在资源与力量，促进家庭成员之间的理解与沟通。

此外，叙事治疗还强调人的多元性与复杂性。它认为每个人都是独特的，每个人的故事都是不可复制的。因此，在资源探索过程中，叙事治疗尊重每个来访者的独特性，鼓励他们根据自己的经历与体验发展出适合自己的应对策略。

6）合作对话取向治疗则是一种强调心理咨询师与来访者之间合作和对话的治疗方法。它认为，心理咨询师和来访者之间的良好沟通和互动是心理咨询成功的关键。通过积极的对话和合作，心理咨询师帮助来访者深入了解自己的内心世界，发掘自身的资源和潜能，并找到解决问题的有效途径。合作对话取向治疗的核心在于心理咨询师通过对话与合作的方式，引导来访者探索自身的内在资源，从而实现自我调整和成长。这种治疗方法不仅注重语言的力量，更强调心理咨询师与来访者之间平等、民主的伙伴关系。

在合作对话取向治疗中，来访者的资源探索被置于至关重要的地位。心理咨询师通过倾听和理解来访者的叙述，与其共同探索深层的情感、经验和观念。心理咨询师的角色不再是权威的解释者，而是与来访者共同探索、共同成长的伙伴。这种转变不仅让来访者感受到更多的尊重与关注，也让他们更愿意开放自己的内心世界，勇敢地面对自己的问题。

在资源探索的过程中，合作对话取向治疗强调对话的重要性。对话不仅是语言层面的交流，更是心灵层面的沟通。心理咨询师通过引导来访者表达自己的感受和想法，帮助他们发现自己的优势和潜能。同时，心理咨询师也会鼓励来访者进行自我反思，从而更深入地了解自己的内心世界。

此外，合作对话取向治疗还注重合作的力量。心理咨询师与来访者之间的合作不仅体现在对话的过程中，更贯穿于整个治疗的始终。心理咨询师会尊重来访者的选择和决定，与他们共同制定治疗目标和计划。同时，心理咨询师也会鼓励来访者在日常生活中应用所学的知识和技能，从而真正实现自我成长和改变。

值得一提的是，合作对话取向治疗还强调来访者的主观性和自我选择。心理咨询师相信每个人都有自己独特的价值和潜力，只要给予适当的支持和引导，他们就能够找到适合自己的成长道路。因此，在资源探索的过程中，心理咨询师会尊重来访者的主观感受和选择，帮助他们发现自己的内在动力和目标。

7）焦点解决短期治疗作为一种高效的心理治疗策略，近年来在心理咨询领域得到了广泛应用。它的核心理论之一便是强调来访者资源的探索与利用，帮助来访者发现自身潜力，进而实现问题的有效解决。

首先，焦点解决短期治疗坚信来访者拥有解决自身问题的资源和力量。心理咨询师在咨询过程中，不是简单地告诉来访者应该怎么做，而是协助来访者挖掘自身潜在的资源，进而找到解决问题的方法和途径。这种信念基于对来访者自主性和能力的尊重，同时也体现了心理咨询师对来访者个体的信任和支持。

其次，焦点解决短期治疗强调问题的例外情况。即使来访者面临着看似无解的问题，也必然存在着一些例外时刻或情境，在这些时刻问题并未出现或问题的影响较小。心理咨询师会与来访者一同寻找这些例外情况，进而分析其中的成功经验和因素，从而为解决问题提供新的思路和方向。

在资源探索方面，焦点解决短期治疗还关注来访者的成功经验。这些经验可能来自过去的生活经历，也可能是来访者在面对问题时所展现出的积极态度和行动。心理咨询师会引导来访者回顾并思考这些成功经验，从而激发其自信和解决问题的能力。同时，这些成功经验也可以作为来访者未来面对类似问题时的重要参考和依据。

此外，焦点解决短期治疗还强调目标的设定和实现。心理咨询师会与来访者共同确定具体的治疗目标，并关注如何实现这些目标。在这个过程中，心理咨询师会引导来访者思考如何利用自身的资源和优势来实现目标，同时也会提供必要的支持和指导。

8）反思团队则是一种集体反思的形式，通常在专业培训或团队建设中使用。它鼓励团队成员共同回顾和讨论工作中的经验和教训，通过反思和分享来深化学习和改进实践。在资源探索方面，反思团队可以帮助来访者从集体经验中汲取智慧和力量，发现新的资源和视角，以应对未来的挑战和机遇。

综上所述，在心理咨询过程中，资源探索是一个多维度的过程，需要运

用多种心理学理论和方法。认知行为疗法、人本主义学派和后现代心理学派
都为资源探索提供了宝贵的理论支撑和实践指导。心理咨询师在运用这些理论
时，需要灵活结合来访者的实际情况和需求，以便帮助他们最大限度地发掘和
利用自身资源，实现自我成长和发展。

第二节　咨询应用

一、来访者的资源

在心理咨询的旅程中，来访者不仅是寻求帮助的对象，更是拥有丰富内
在资源的个体。这些资源不仅是心理咨询取得成功的基础，更是来访者自我成
长和突破的关键。那么，在心理咨询过程中，什么是来访者的资源呢？

首先，来访者的个人经历是一种宝贵的资源。每个人的人生都是独特的，
其中的喜悦、挫折、困惑和成长都是无法替代的财富。心理咨询师通过倾听和
理解来访者的故事，可以洞察其内在的情感世界和价值观，从而找到帮助来访
者解决问题的线索。

其次，来访者的情绪体验也是重要的资源。情绪是人类感受世界的窗口，
通过情绪的波动和变化，我们可以深入了解自己的需求和愿望。在心理咨询过
程中，来访者能够勇敢地表达自己的情绪，对于建立信任关系、深化自我认知
和促进情感修复都具有重要的意义。

此外，来访者的身体感知同样是一种不可忽视的资源。身体与心灵紧密
相连，身体的感觉和反应往往能够反映出内心的真实状态。在心理咨询过程
中，关注来访者的身体感受有助于心理咨询师发现隐藏在情绪背后的深层需
求，进而制订更具针对性的治疗方案。

还有，来访者的价值观和信念是他们行为的指南，也是他们应对困境的
精神支柱。在心理咨询过程中，心理咨询师可以通过引导来访者审视和澄清自
己的价值观和信念，帮助他们找到面对问题的勇气和力量。

除了以上提到的个人经历、情绪体验和身体感知，来访者的社会支持系统也是重要的资源之一。这些支持系统包括家庭、朋友、同事等，他们可以为来访者提供情感支持、实际帮助和信息分享。在心理咨询过程中，心理咨询师可以引导来访者充分利用这些支持系统，增强自己的应对能力和恢复力。

最后，来访者的内在力量是心理咨询过程中的核心资源。这种力量可能表现为坚韧不拔的毅力、乐观向上的心态或对自我成长的渴望。心理咨询师需要激发并培养这种内在力量，帮助来访者战胜困难、实现自我超越。

二、资源探索的向度

在探索来访者的资源时，心理咨询师需要关注以下向度：

1. 全面性和系统性

心理咨询师应从多个角度和层面出发，全面挖掘来访者的资源，确保不遗漏任何有价值的信息。同时，要将这些资源进行系统整合，形成一个完整的支持体系。

2. 关注独特性和个体性

每位来访者都是独一无二的个体，他们的资源也具有独特性和个体性。心理咨询师应尊重并关注这些差异，根据来访者的实际情况制订个性化的心理咨询方案。

3. 强调互动性和动态性

心理咨询师与来访者之间的互动是探索资源的关键环节。心理咨询师应积极倾听来访者的声音，与他们建立良好的沟通和信任关系。同时，要关注资源的变化和发展，随着心理咨询过程的推进不断调整和补充。

综上所述，心理咨询过程中的来访者资源是多方面的，它们共同构成了来访者成长和突破的基础。作为心理咨询师，我们需要敏锐地察觉和珍视这些资源，引导来访者发现并利用它们，实现自我成长和心理健康的目标。同时，我们也要意识到，每个人的资源都是独特的，因此心理咨询师需要根据来访者的个体差异制订个性化的咨询方案，确保咨询效果的最大化。

三、如何在来访者的负性信息中寻找资源

在心理咨询的实践中，心理咨询师经常会遇到来访者带来各种负性信息的情况。这些负性信息可能表现为情绪困扰、负面的自我评价、生活压力、行为退缩或态度消极等。作为心理咨询师，我们的任务不仅在于倾听和理解这些负性信息，更在于从中寻找到资源，帮助来访者走出困境，实现自我成长。

1.深入理解负性信息

要在负性信息中寻找到资源，我们首先需要深入理解这些信息背后的含义。负性信息往往隐藏着来访者的真实需求和期望，以及他们在面对困难时的挣扎和尝试。通过倾听和理解，我们可以逐渐揭开这些信息的面纱，发现其中的积极元素。

例如，当来访者表达对自己能力的怀疑时，心理咨询师可以关注到他们渴望得到认可和肯定的需求；当来访者抱怨生活压力时，心理咨询师可以发现他们希望改变现状、追求更好生活的愿望。这些需求和愿望都是资源，它们为心理咨询师提供了帮助来访者改变现状的切入点。

2.转化负性信息为成长动力

负性信息往往伴随着痛苦和困扰，但同时也可能激发来访者的成长动力。来访者渴望改变现状，追求更好的生活。理解负性信息后，心理咨询师需要将这些信息转化为来访者的成长动力。这需要心理咨询师运用专业的心理咨询技巧和策略，引导来访者从新的角度看待自己的问题，发现自己的潜力和优势。心理咨询师可以通过提问、反馈和肯定等方式，激发来访者的自我意识和自我探索能力。

例如，心理咨询师可以问来访者："你觉得这个问题对你来说意味着什

么？""你觉得自己在面对这个问题时有哪些优点和长处？"这样的问题可以帮助来访者重新审视自己的问题，发现自己的资源和能力。

同时，心理咨询师还需要给予来访者积极的反馈和肯定，让他们感受到自己的进步和成长。这样的反馈和肯定可以增强来访者的自信心和积极性，使他们更加愿意面对和解决问题。

3. 发掘和利用资源

在寻找资源的过程中，心理咨询师还需要关注到来访者周围环境中可能存在的资源。这些资源可能包括亲朋好友的支持、社区组织的帮助、专业机构的指导等。心理咨询师可以帮助来访者识别和利用这些资源以缓解他们的负面情绪，增强他们的应对能力。

此外，心理咨询师还可以引导来访者从自己的经历中寻找资源。每个人的成长历程中都有一些宝贵的经验和故事，这些都可以成为来访者面对当前困境的支撑和动力。通过回忆和分享这些经历，来访者可以更加深入地了解自己的内心世界，发现自己的潜力和价值。

以下是一段心理咨询对话，我们可以进一步体会心理咨询师如何在负性信息里探索资源。

心理咨询师："你好，欢迎来到心理咨询室。请告诉我，最近有什么让你感到困扰的事情吗？"

来访者："你好，我最近真的很沮丧。我觉得我做什么都不对，工作上犯了一个严重的错误，老板和同事们都对我失望了。"

心理咨询师："听起来你确实经历了一段艰难的时期。能说说发生了什么事情吗？"

来访者："是的，我负责的一个项目出了问题，导致我们公司损失了很多钱。我觉得都是我的错，我太粗心了。"

心理咨询师："遇到这样的情况确实很难过。你能告诉我，以前有没有遇到过类似的困难，你当时是怎么应对的？"

（解析：心理咨询师尝试在来访者过去类似困难的经历中去探索是否有可借鉴的资源。）

来访者："嗯，去年我也犯过一个小错误，但我设法解决了问题，并且从中学到了很多。不过这次的情况要严重得多。"

心理咨询师："你提到了去年的经验，那时候你能够解决问题并从中学习，这是很了不起的。尽管现在的情况更加严峻，但你是否认为你仍然可以从中学到东西，并且找到解决问题的方法呢？"

（解析：心理咨询师肯定并相信来访者在过去应对类似困难的经历中学习到相应的经验，并找到解决问题的方法，这些都是来访者当下可以应用的资源。）

来访者："可能吧，但我现在感觉很无力，我不知道从哪里开始。"

心理咨询师："感觉无力是正常的反应。你已经意识到了过去的成功经验，这表明你有解决问题的能力。让我们一起来看看，你有哪些资源可以利用？比如你的支持系统——家人、朋友或同事，他们也许能提供帮助或建议。"

（解析：心理咨询师陪伴来访者进一步梳理可以应用的资源。）

来访者："我有一个朋友是项目管理专家，或许我可以向他寻求帮助。而且，我确实从过去的错误中得到了一些教训，这可能有助于我避免重蹈覆辙。"

心理咨询师："很好，你已经找到了一些资源。现在让我们探讨一下，你可以采取哪些具体的步骤来解决问题。"

（解析：心理咨询师利用来访者现有的资源，陪伴来访者进一步梳理可行的解决策略。）

来访者："我想我可以列出所有可能出错的地方，然后逐一检查和修正。同时，我会联系我的朋友，看看他有什么建议。"

心理咨询师："这是一个非常好的开始。通过列出问题并逐一解决，你可以更有序地处理这个挑战。同时，寻求外部帮助也是明智的选择。你还有其他想法吗？"

（解析：心理咨询师利用来访者现有的资源，陪伴来访者进一步去探索资源和完善解决策略。）

来访者："我还计划设定一些短期目标，这样我可以一步步地看到进展，而不是被整个项目的复杂性所淹没。"

心理咨询师："设定短期目标是一个很好的策略，它可以帮助你保持动力并看到即时的成果。你已经展现出了解决问题的积极态度，我相信你有能力克服这个挑战。"

在这个对话中，心理咨询师帮助来访者从负性信息中寻找资源的过程包括：

（1）确认来访者的感受，并与之共情。

（2）询问来访者过去的成功经验，提醒他自身的能力。

（3）鼓励来访者思考他可以利用的资源，如个人技能、支持系统等。

（4）引导来访者制订具体的行动计划，将问题分解成可管理的部分。

（5）强调来访者的积极态度和解决问题的意愿。

通过这种方式，心理咨询师帮助来访者从消极的思维模式中解脱出来，转向更加具有建设性的解决问题的方向。

资源不需要进行正面、负面的评价，需要的是有效性的评估。在实际心理咨询过程中，有助于来访者解决问题并获得其期待的结果的资源都称为可用资源。记得在新冠疫情期间，作为心理咨询师的我，曾经在深夜23点左右接到一个涉及危机干预的来访者的求助热线。

来访者是一个曾经有重度抑郁经历的人，因为失恋独自一人在家，已经哭泣6天了，非常痛苦和难受，有了轻生的念头。我当时就赶紧做了一个风险评估，结果显示这是一个有风险的个案，那么如何才能把这个人救下来呢？那时，我可以利用的资源又有哪些？由于来访者是在线上，经过跟她的沟通，我能够了解到她真实的姓名和住址，这可为接下来报警提供信息，但是来访者也说到她不想看到警察，那么我怎么样才能把她救下来呢？她是独自一人在出租房里。通过沟通，我发现她和家人关系很不好，家人对她还是比较苛待，所以说家人这方面没有办法探索到更多的支持资源。在与她沟通的时候，她展现出了一种强烈的情绪，就是对她失踪的男友不甘心。因为她觉得她男友这样做就是想害死她，所以她很不甘心，就想找到她的男友去质问他为什么要这样对她。我们也知道，她想去质问她的男友，这不见得是最合适的做法。如果现实中她真的能够找到他的男友，她能否做到质问？如果她能做到质问，为什么不在男友和她提出分手的当下去质问呢？假设她真的能够去质问她的男友，不一定能如其所期待的一样，让对方认识到自己的错误，并做出悔过或道歉的行为。很有可能对方还会有自己的一些解释和说辞，那来访者面临的可能是二次受伤。但是，在那个深夜，我能用到的资源就是她的"不甘心"。一个人但凡还有一点不甘心，就是她有可能还留在这个世界上的理由。

所以，我跟她去深入探索如何找到她的男友，用什么样的方法。假设她找到她的男友，她要怎么和对方去表达？假设对方有一个和她期待不符的回应，那她又会如何看待这样的事情？我就陪她在这个层面上做了深入的探索，最后成功地让她放弃轻生的念头。

我们可以看出，这个"不甘心"本身存在一些来访者自我认知方面的问题，来访者与其男友相处的过程也与常态不同，可以说来访者自身在这件事情中也存在一些不恰当的做法。但是，在挽救生命的当下，这就是我能用到的资源。所以，我们不需要对资源本身做太多的评价，要更看重它的有效性。

四、资源探索的维度

在心理咨询对话中，心理咨询师从哪里可以探索到资源呢？可以尝试从下面这些维度里去探索。

1. 过去成功的经验

来访者在自己过去的经历中，对于类似目前的困境有过相关应对经验，或者成功应对的经历，或者虽未成功应对但有明显的改变。心理咨询师可引导来访者去探索其中可以借鉴的方法和策略。

2. 应对困境时做到的部分

在应对困境的过程中，来访者已经做了一些尝试。对于这些尝试，心理咨询师可引导来访者去探索哪些内容有效果、有价值，这有助于问题的改变或解决。例如，当来访者表现出焦虑或抑郁情绪时，心理咨询师可以从他努力应对困境、保持坚强等方面找到积极因素，并引导来访者意识到这些资源。

3. 寻找问题"没有"发生或"较少"发生的例外

在焦点解决短期治疗的视角里，心理咨询师相信困扰来访者的问题不会一直存在，总有问题不发生或者少发生的时刻。心理咨询师可引导来访者去探索这些例外时刻是如何发生的，探索来访者可以从这些例外时刻的说法、做法中，获得哪些借鉴。

4. 实现自我目标的渴望

心理咨询师可以与来访者共同设定明确、具体且可衡量的目标。这些目标应该与来访者的自我目标相契合，同时也要考虑到其现实可行性和挑战性。通过设定目标，来访者能够更清晰地看到自己前进的方向，从而激发其内在的资源和动力。

5. 期待的未来

心理咨询师可探索来访者内心希望超越困境后的未来状态，从这个未来状态中反观当下困境，看到可以去开展的行动和应对策略。

6. 来访者自身的优势、能力、特点、知识

在心理咨询对话中，心理咨询师应关注来访者自身的优势、能力、特点、知识等，探索对于其目前的困境可发挥出作用的资源。

7. 支持系统

来访者的社会支持系统也是资源探索的重要维度。在探索的过程中，心理咨询师要注意的是，找到适合应对当前困境的重要的支持者，从这些支持者的视角，看看对于来访者当前的困境可以给予的支持、建议或新的思维视角。

8. 敏锐地捕捉到改变和解决问题的迹象

倾听是心理咨询师最基本也是最核心的技能之一。在倾听过程中，心理咨询师不仅要注意来访者的语言内容，更要关注其语言之外的信息，如肢体语言等。这些细微的变化往往能够反映出来访者内心的情绪波动和认知调整，是心理咨询师捕捉改变迹象的重要线索。同时，观察来访者的行为变化也是心理咨询师的重要任务。来访者是否开始主动提及问题、是否愿意尝试新的方法、是否表现出更多的自我反思和积极情绪等，都是心理咨询师判断咨询进程是否朝着积极方向发展的重要依据。

9. 重新建构的思维和理念

重新建构指的是心理咨询师在尊重来访者主观体验的基础上，从新的视角、新的层面去理解和解释来访者的问题与经验。它帮助来访者看到问题背后更深层次的含义和可能性，强调从积极的、建设性的角度出发，挖掘来访者所面临的困境中的积极意义，从而激发其内在的力量和资源。重新建构的过程有助于来访者突破固有的认知框架，发现自身潜在的资源，从而改变原有的负面情绪和行为模式，同时也为来访者提供新的视角和可能性，促进其自我认知的提升和积极改变。

五、欣赏与赋能造就改变

探索资源的目的是为了促使来访者更有力量去制订解决方案，促使改变发生。当然在心理咨询的对话过程中，来访者大多数是带着困扰来找心理咨询师的，这个时候，来访者经常处于能量较低的状态，可能会有深陷困境或被痛苦充满的无力感。如果心理咨询师能站在欣赏与赋能的视角，赞美来访者的优势，就更有助于来访者去面对痛苦和促使改变的发生。因此，欣赏与赋能造就改变。

1. 欣赏与赋能的解读

欣赏，心灵的滋养剂。欣赏是对个体独特性、价值及努力的正面认可，让来访者感受到自己的价值与美好。在心理咨询的情境中，欣赏不仅仅是一种情感的表达，更是一种深刻的理解与接纳，是对内在特质的认同与珍视。

赋能，内在力量的觉醒。它是心理咨询中帮助来访者发掘并增强自身资源，促进自我成长的过程。赋能旨在激发来访者的内在潜能，帮助他们建立自信，增强应对挑战的能力。它强调个体的主观能动性，鼓励个体相信自己有能力改变现状，创造更美好的未来。赋能不是简单地给予力量，而是引导来访者发现自己本就拥有的力量。

2. 欣赏与赋能的表达方法

欣赏与赋能的表达方法有以下四种：

（1）积极反馈与肯定　心理咨询师在倾听过程中，及时给予来访者积极、具体的反馈。当来访者分享自己的经历、感受或成就时，心理咨询师可以明确指出其中的积极方面，基于客观事实给予肯定。例如："我很欣赏你面对困难时的勇气和坚持。"

（2）共鸣与理解　心理咨询师通过同理心与来访者建立情感共鸣，让其感受到被理解和接纳。心理咨询师需深入理解来访者的内心世界，体会其感受，并以语言或非语言的方式表达出来。例如："这是很困难的，因为（说明难能可贵之处）……""（对受到家暴的来访者）在这么不容易的生存环境下，你能拥有现在这样积极的状态，还能这么勇敢地去面对过往的经历，非常不容易，这不是一般人能做到的。"心理咨询师也可以用点头、微笑等非语言表达方式表示理解和肯定。

（3）强调优点与特质　心理咨询师要帮助来访者认识到自己的优点、特质和价值，通过具体的事例和细节让来访者看到自己在某些方面的独特之处。例如："可见你学习的能力非常强，经过这短短一周的冲刺，这次考试成绩就提高了十分，而且对于你原来认为难的那道大题，这次你都做出来一半了。"

（4）建立自信与自我效能感　心理咨询师通过不断肯定和鼓励来访者的努力和进步，帮助其建立自信心和自我效能感；鼓励来访者勇敢尝试新事物，即使面临失败也视为成长的一部分；让来访者建立积极的自我认知，相信自己有能力改变现状并创造美好的未来。

综上所述，表达欣赏与赋能在心理咨询中扮演着至关重要的角色。它们不仅有助于增强来访者的自信心和内在力量，还能激发其积极应对挑战的决心和勇气。通过运用上述方法和形式，心理咨询师可以有效地促进来访者的个人成长和改变。

第三节　能力训练

一、专注力与提炼关键信息训练

✔ 训练一：

1. 三个人为一组，一人扮演来访者，一人扮演心理咨询师，一人扮演观察员。

2. 请来访者针对自己的话题进行一分钟的阐述，观察员负责计时。

3. 心理咨询师针对来访者所表述的一分钟内容进行原话复述，尽可能完整、准确，观察员负责计时。

4. 请来访者反馈心理咨询师所表达的内容是否与自己表达的一致，谈谈感受。

5. 请观察员反馈自己对训练中心理咨询师对来访者内容反馈过程的观察。

✔ 训练二：

1. 三个人为一组，一人扮演来访者，一人扮演心理咨询师，一人扮演观察员。

2. 请来访者针对自己的话题进行三分钟的阐述，观察员负责计时与录音（需具备文字转写功能的录音设备）。

3. 心理咨询师针对来访者所表述的三分钟内容进行重要内容复述和关键词提炼，尽可能完整、准确，观察员负责计时与录音（需具备文字转写功能的录音设备）。

4. 观察员将来访者与心理咨询师的两份文稿内容整理出来，进行内容比对与细节分析。

5. 对于练习过程，三个人进行讨论和总结经验。

✔ **训练三：**

1. 三个人为一组，一人扮演来访者，一人扮演心理咨询师，一人扮演观察员。

2. 请来访者与心理咨询师进行二十分钟左右的咨询对话，观察员负责计时与录音（需具备文字转写功能的录音设备）。

3. 心理咨询师在心理咨询进行到二十分钟左右的时候，针对前面的咨询过程进行总结，总结中要求包括对来访者所谈内容进行按咨询时间顺序的复述，以及重点关键词提炼，尽可能有逻辑性、内容完整、信息准确，观察员负责计时与录音（需具备文字转写功能的录音设备）。

4. 观察员将来访者与心理咨询师的两份文稿内容整理出来，进行内容比对与细节分析。

5. 对于练习过程，三个人进行讨论和总结经验。

二、负性信息的理解及转化训练

将负性信息转化为积极的心理咨询内容是心理咨询师需要具备的重要能力。以下是几种常用的转化方法及训练内容：

1. 强调积极的一面

心理咨询师可以将来访者的负性信息重新解释为积极的含义。在解读来访者的陈述时，心理咨询师可以突出其中的积极元素，即使这些元素在来访者自己看来并不显著。

例如，当来访者表达对自己能力的怀疑时，心理咨询师可以指出这是对自己有高要求的表现，并引导来访者看到自己的优点和潜力；当来访者表示对某项任务感到挫败时，心理咨询师可以指出其努力尝试的过程和学习的意愿。

练习题：请根据来访者的表述，强调其中积极的因素。

来访者一："我觉得自己真的很失败，好像什么事情都做不好。"
心理咨询师回应：_____

_____

来访者二："我总是担心自己做不好事情，会被人嘲笑或拒绝。"
心理咨询师回应：_____

_____

来访者三："我真的不知道该怎么办了，我觉得自己好像被困在一个迷宫里，找不到出路。"
心理咨询师回应：_____

_____

2. 强调成长与改变

心理咨询师可以强调来访者的成长和改变，使来访者看到自己在心理咨询过程中的进步。这有助于增强来访者的自信心和动力，使他们更加积极地面对问题。

练习题：请根据来访者的表述，强调其成长与改变。

来访者一："每当我想到未来，我就感到特别害怕，我不知道自己能不能应对那些挑战。"
心理咨询师回应：_____

_____

来访者二："我觉得我已经失去了对生活的热情，每天都像行尸走肉一样。"
心理咨询师回应：_____

_____

来访者三："我总是责怪自己，觉得如果不是我，事情就不会变成这样。"

心理咨询师回应：_____

_____

3. 使用正面语言

在沟通中，心理咨询师应尽量避免使用负面的或评判性的词汇，而应采用具有鼓励性和支持性的正面语言。这有助于减轻来访者的心理防御，促进更深入的交流。

练习题：请根据来访者的表述，使用正面语言回应。

来访者一："我觉得我很失败，无论是工作还是生活，都一团糟。我总是做错事，别人都不喜欢我。"

心理咨询师回应：_____

_____

来访者二："工作上我经常犯错，领导总是批评我，同事也不愿意与我合作，他们都觉得我是个麻烦。"

心理咨询师回应：_____

_____

来访者三："小时候，父母对我的要求很严格，总是希望我能够做得更好。但不管我怎么努力，他们总是不满意。久而久之，我就觉得自己做什么都不行。"

心理咨询师回应：_____

_____

4. 赋予意义与价值

对于来访者的经历或感受，心理咨询师可以尝试从中找到积极的意义和价值，比如成长的机会、学习的经验等。这样可以帮助来访者重新评估自己的经历，从而减轻负面情绪。

练习题：请根据来访者的表述，尝试赋予意义与价值。

来访者一："我最近工作表现很差，总是出错。我觉得自己好笨，好像什么都不懂。同事们都在进步，只有我一个人在原地踏步。"

心理咨询师回应：_____

_____

来访者二："有一次，我负责的一个项目出了点问题，领导就在全体会议上批评了我。我觉得很委屈，因为那个问题并不完全是我的责任。但没人听我解释，大家都觉得是我的错。从那以后，我就觉得自己好像总是在被误解。"

心理咨询师回应：_____

_____

来访者三："我也不知道该怎么说，就觉得心里好像压着一块大石头，喘不过气来。每天上班、下班，感觉生活重复、单调，没有什么意义。"

心理咨询师回应：_____

_____

三、重构视角训练

1. 重构框架

当来访者以一种消极的方式描述自己或某个事件时，心理咨询师可以通过重构框架的方式，引导来访者看到不同的视角和可能性。

例如，将失败视为学习的机会，将挑战视为成长的动力。

练习题：请根据来访者的表述，尝试重构框架。

来访者一："在工作上，我时常对自己的工作表现感到不满，为可能遭受领导批评或同事非议而忧虑。在家里，我与妻子的关系很紧张，经常因为琐事吵架。面对这些困境，我内心仿佛被一块巨石压着，难以释怀，时常感到呼吸不畅。日复一日的上班与下班生活，逐渐变得单调而乏味，我仿佛陷入了无尽的循环，对生活本身的意义产生了深深的迷茫与质疑。"

心理咨询师回应：_____

_____

来访者二："我试过运动、听音乐，但感觉效果都不太好。有时候还是会不自觉地想起那些烦心事。"

心理咨询师回应：_____

_____

来访者三："我会告诉自己，这些事情都很重要，我必须做得完美才行。如果出错了，别人会怎么看我？我会不会失去现在的一切？"

心理咨询师回应：_____

_____

2. 扩展思考

心理咨询师可以鼓励来访者思考更多的可能性，而不仅仅局限于当前的负面想法；通过提问和引导，帮助来访者发现新的思维方式，从而减轻自我否定的影响。

练习题：请根据来访者的表述，尝试运用提问和引导来帮助来访者扩展思考。

来访者一："在工作上，我时常对自己的工作表现感到不满，为可能遭受领导批评或同事非议而忧虑。在家里，我与妻子的关系很紧张，经常因为琐事吵架。面对这些困境，我内心仿佛被一块巨石压着，难以释怀，时常感到呼吸不畅。日复一日的上班与下班生活，逐渐变得单调而乏味，我仿佛陷入了无尽的循环，对生活本身的意义产生了深深的迷茫与质疑。"

心理咨询师提问或引导：_____

_____

来访者二："我试过运动、听音乐，但感觉效果都不太好。有时候还是会不自觉地想起那些烦心事。"

心理咨询师提问或引导：_____

_____

来访者三："我会告诉自己，这些事情都很重要，我必须做得完美才行。如果出错了，别人会怎么看我？我会不会失去现在的一切？"

心理咨询师提问或引导：_____

_____

3. 故事叙述

通过让来访者重新叙述自己的经历或故事，心理咨询师可以帮助他们重新组织信息，以更积极、更全面的方式看待自己的过去和现在。这样的重构过程有助于来访者建立更健康的自我认同。

练习题：请根据来访者的表述，尝试运用故事叙述的方式来帮助来访者更全面地看待自己的过去和现在。

来访者一："在工作上，我时常对自己的工作表现感到不满，为可能遭受领导批评或同事非议而忧虑。在家里，我与妻子的关系很紧张，经常因为琐事吵架。面对这些困境，我内心仿佛被一块巨石压着，难以释怀，时常感到呼吸不畅。日复一日的上班与下班生活，逐渐变得单调而乏味，我仿佛陷入了无尽的循环，对生活本身的意义产生了深深的迷茫与质疑。"

心理咨询师提问或引导：_____

_____

来访者二："我试过运动、听音乐，但感觉效果都不太好。有时候还是会不自觉地想起那些烦心事。"

心理咨询师提问或引导：_____

_____

来访者三："我会告诉自己，这些事情都很重要，我必须做得完美才行。如果出错了，别人会怎么看我？我会不会失去现在的一切？"

心理咨询师提问或引导：_____

_____

四、欣赏与赋能训练

对于下面这个案例，如果你是心理咨询师，你会如何从欣赏与赋能的角度回应来访者，请补充完整。

来访者（低头，声音微弱）："我总是觉得自己不够好，无论做什么都达不到别人的期望。我觉得自己很失败，没有什么值得别人称赞的地方。"

心理咨询师（温柔地注视来访者，面带微笑）："首先，我想告诉你，能够勇敢地来到这里，分享自己的感受，这本身就是一件非常值得称赞的事情。你有着强烈的自我反思能力和寻求改变的勇气，这是很多人所不具备的；其次，_____；再有，_____；最后，我相信_____。"

来访者（抬头，眼中闪烁着泪光）："谢谢你，我从来没有这样想过自己。你的话让我感觉到了一丝温暖和希望，我好像开始相信自己也能变得更好。"

心理咨询师（轻轻拍拍来访者的手背）："是的，你当然可以。相信自己，也相信我们共同的力量。改变是一个渐进的过程，但只要你愿意迈出第一步，剩下的路就会越走越宽广。"

生活中欣赏与赋能的练习：

1）在生活中，在你的爱人身上找出 50 个可以欣赏的闪光点，发现并记录自己去赋能爱人的表达，看看自己一个月内有多少赋能的表达。

2）在生活中，在你的孩子身上找出 50 个可以欣赏的闪光点，发现并记录自己去赋能孩子的表达，看看自己一个月内有多少赋能的表达。

3）在生活中，对于你非常讨厌的人，从他身上找出 10 个可以欣赏的闪光点。如果你能给予对方一句鼓励，你会如何表达？

第十章

核心能力训练 8：
促使改变发生

第一节　理论要点

在心理咨询的对话过程中，促使来访者出现改变的契机往往并不是单一因素的结果，而是多种因素共同作用的结果。这些因素涵盖了咨询关系的建立、心理咨询师的咨询技巧、来访者自身的认知变化，以及心理咨询过程中的框架和设置等。

咨询关系的建立是来访者发生改变的重要基础。心理咨询师通过创造一个稳定、安全、温暖的氛围，并在深刻理解来访者的基础上与其进行互动，使来访者感受到一种成长的力量。这种力量主要来源于来访者感受到自己被心理咨询师深深地理解和接纳。当来访者在这种关系中持续地体验到被理解和接纳时，他们便开始慢慢地打开自己，愿意去探索自己内心的世界，从而才有可能发生持久性的改变。

心理咨询师的咨询技巧也是促使来访者发生改变的关键因素。心理咨询师的表达不仅仅是对来访者问题的解释，更重要的是帮助来访者认识到自己的问题所在，以及这些问题对自己生活的影响。当来访者开始意识到自身特定行为的影响，以及当前行为背后的意义时，他们就可能对自己的问题有更深入的理解。心理咨询师还可以帮助来访者认识到早年成长环境对问题的影响，从而进一步推动他们去探索自己的成长历程，并从中找到改变的契机。

来访者自身的认知变化也是改变发生的重要动力。在心理咨询过程中，随着对问题的深入理解和认识，来访者开始逐渐摆脱过去的思维模式和行为习惯，尝试以新的视角来看待自己和周围的世界。这种认知变化不仅有助于来访者解决当前的问题，更重要的是帮助他们建立起更加健康、积极的生活方式。

心理咨询过程中的框架和设置也为来访者的改变提供了保障。心理咨询通常是在严格的设置框架下进行的，包括固定的会谈时间、保密协议等。这些设置不仅为来访者创造了一个安全、支持性的心理环境，还有助于维护咨询关系的稳定。在这样的环境中，来访者可以更加放心地表达自己的想法和感受，从而更有可能实现真正的改变。

在心理咨询的广阔领域中，各心理学派以其独特的理论和方法，致力于引导来访者走向改变与成长。这些心理学派通过不同的途径和视角，助力来访者触及内心深处的问题，从而实现真正的改变。此处简单介绍一下各心理学派和心理咨询方法是如何运用相关理论促使来访者发生改变的。

一、精神分析学派：潜意识意识化与人格重组

精神分析学派以弗洛伊德为代表，强调潜意识在心理发展中的重要作用。该学派认为，来访者的问题往往源于早年经历中的压抑与冲突，通过解析梦境、自由联想等方式，引导来访者将潜意识中的矛盾与冲突意识化，进而重组基本的人格结构。在心理咨询过程中，心理咨询师陪伴来访者重新体验早年经验，处理压抑的冲突，实现理智的觉察。这一过程有助于来访者认识自我、接纳自我，进而实现自我成长与转变。

二、行为主义学派：建设性行为的习得与适应不良行为的消除

行为主义学派关注来访者的行为模式与外在环境之间的关系。该心理学

派认为，通过习得建设性行为并消除适应不良的行为，来访者能够改善生活质量。在心理咨询过程中，心理咨询师帮助来访者设定明确的目标，学习适应性更强的行为方式；通过正向强化与负向强化的手段，巩固来访者新习得的行为，消除来访者原有的不良行为。这一过程有助于来访者建立更健康、更有效的行为模式，从而帮助来访者解决问题。

三、完形心理疗法：此时此刻的经验觉察与内在支持的培养

完形心理疗法强调来访者对自己此时此刻经验的觉察与接纳。该疗法认为，来访者通过觉察和表达自己的情绪体验，能够增强内在的支持力量，从而摆脱对外在支持的依赖。在心理咨询过程中，心理咨询师鼓励来访者积极表达自己的感受，引导其觉察自己的内心世界。通过一系列的完形练习，心理咨询师帮助来访者建立自我觉察与自我支持的能力。这一过程有助于来访者更加清晰地认识自己，建立自信，实现内在的成长与转变。

四、认知行为疗法：自我失败观的消除与理性生活的建立

认知行为疗法关注来访者的不合理信念与自我失败观。该疗法认为，通过帮助来访者认识到自己的不合理信念，并学会以更理性、更客观的态度看待自己和他人，能够改善来访者的心理状态。在咨询过程中，心理咨询师运用辩论、角色扮演等技巧，引导来访者检视并改变不合理信念；通过教授理性思考的技巧和方法，帮助来访者建立更健康、更理性的生活方式。这一过程有助于来访者摆脱自我失败的束缚，拥抱更美好的未来。

五、交互分析学派：脚本自由与策略自由的追求

交互分析学派强调来访者的自主性与自我选择能力。该心理学派认为，通过帮助来访者认识到自己的脚本（即人生经历与行为模式）和策略（即应对方式与情绪反应），并学会在觉察的基础上做出新的选择，能够使来访者实现

自我成长与转变。在心理咨询过程中，心理咨询师鼓励来访者回顾自己的过去经历，理解并接纳自己的脚本与策略。通过引导来访者进行觉察与反思，帮助其找到新的可能性与方向。这一过程有助于来访者摆脱旧有的限制与束缚，实现真正的自我选择与成长。

六、后现代心理学派：问题解决的转点

后现代心理学派通过一系列实践策略，帮助来访者找到问题解决的转点。这些策略包括：

1. 叙事治疗：重塑自我认同与故事

叙事治疗是后现代心理学派中的一种重要方法，它强调个体故事的独特性和多样性。通过引导来访者重新审视自己的故事，挖掘其中积极、有价值的部分，叙事治疗帮助来访者重塑自我认同，增强自信心和力量感。心理咨询师还会与来访者共同探索未来可能的生活故事，为其带来新的希望和动力。

2. 焦点解决短期治疗：聚焦内在资源，激发内在力量

焦点解决短期治疗是一种注重来访者内在资源和力量的咨询方法。通过倾听来访者的需求和关注点，心理咨询师能够发现其内在的资源和潜力，并引导其积极利用这些资源来解决问题。心理咨询师还会通过询问技术，帮助来访者澄清问题、设定目标、制订行动计划，从而激发其内在的力量和动力。

3. 合作对话取向治疗：做自己生命的主人

合作对话取向治疗为来访者提供了一个探索自我、发现问题、实现改变的平台。这种治疗模式强调心理咨询师与来访者之间的平等合作关系，心理咨询师与来访者共同商讨治疗目标，确保目标既符合来访者的期望，又具有实际可行性。这种共同制定目标的过程有助于增强来访者的治疗动机，使其更加积极地投入心理咨询。合作对话取向治疗鼓励来访者独立思考、自主解决问题。在心理咨询过程中，心理咨询师会引导来访者分析问题、寻找解决方案，并鼓

励其在实际生活中运用所学技能。通过这种方式，来访者的解决问题能力得到锻炼和提升，逐步走出心理困境，实现个人成长与改变。

后现代心理学派以其独特的理念和方法，为来访者提供了全新的转变路径和解决策略。通过尊重个体差异与多元性、关注情感和意义以及建立合作与共创的咨询关系，后现代心理学派能够帮助来访者找到问题解决的转点，获得内在的成长和进步。后现代心理学派还强调实践性和应用性，通过叙事治疗、焦点解决短期治疗和合作对话取向治疗等实践策略，为来访者提供具体可行的解决方案和支持。

各心理学派和心理咨询方法在助力来访者发生改变、找到问题解决的转点方面都发挥着重要作用。通过运用不同的理论与方法，这些心理学派和心理咨询方法能够帮助来访者认识自我、接纳自我、实现自我成长与转变。在实际心理咨询过程中，心理咨询师应根据来访者的具体情况和需求，选择合适的心理学派和心理咨询方法进行运用，以达到最佳的心理咨询效果。

第二节　咨询应用

在心理咨询的实战过程中，心理咨询师往往会认真倾听与理解来访者以达到共情，并陪伴来访者努力地理清与探索自己。此时，心理咨询师往往最期待一个转机出现。当转机出现时，来访者便不再继续与问题和负面情绪纠缠，开始探索具体的解决方案或行动策略。那么这个转机是什么呢？该如何促使其出现呢？心理咨询师在实战咨询中可以尝试做的又是什么呢？

在十多年的心理咨询实战中，我体会到这个转机是激活来访者"内在向上生长的力量"。卡尔·罗杰斯曾说"个人体验是自身最高的权威"，个人体验应该是一种"内在智慧"，它综合了一个人过往人生中的所有资源，包括认知、思维、情绪、感受等，这是来访者最为信赖的部分，也是来访者感觉最真实的部分，当然也是最有动力的部分。当来访者自我的"内在向上生长的力量"提升时，他才有能力去应对之前的困境，才能对探索新的资源和解决方案更有想法，才更有可能产生行动力。

那么该如何促使来访者"内在向上生长的力量"出现呢？

一、倾听与共情：建立信任基础

倾听与共情是心理咨询师激活来访者"内在向上生长的力量"的基础。来访者在心理咨询过程中往往会表达他们的困扰、恐惧、失落等负面情绪，此时，心理咨询师的倾听与理解至关重要。通过耐心倾听和共情表达，来访者能感受到被接纳和理解，从而建立起对心理咨询师的信任。例如：

心理咨询师（微笑着）："小明，你好。感谢你选择来与我分享你的困扰。你可以说一说最近有什么事情让你感到焦虑呢？"

小明（略显紧张）："嗯……其实我最近工作压力很大。每天都要处理很多任务，感觉时间总是不够用，而且还有很多突发情况需要应对。"

心理咨询师（点头，表现出理解）："听起来你确实承担了很多责任。能具体说说这些压力主要来自哪些方面吗？"

小明（思考片刻）："主要是工作量太大了，而且领导对我的期望也很高。我担心自己不能达到他们的要求，怕出错，怕被人批评。"

心理咨询师（用关切的眼神看着小明）："这种担忧和怕出错的情绪，一定让你感到很不安吧？"

小明（点头）："是的，有时候我晚上都睡不好觉，总是在想工作上的事情。"

心理咨询师通过倾听，了解到了小明的工作压力的来源、表现及其对生活的影响。在倾听过程中，心理咨询师用温暖的语言和关切的眼神表达共情，使小明感受到了被关心和理解。随着信任的建立，小明逐渐敞开心扉，愿意深入探讨自己的问题，从而为激活其"内在向上生长的力量"奠定了基础。

二、引导反思：挖掘内在动力

在建立信任的基础上，心理咨询师通过引导反思，帮助来访者挖掘内在动力。通过提问、启发和讨论等方式，心理咨询师引导来访者深入思考自己的问题，发现自身的优势和潜力，从而激发其积极向上的力量。

以小红为例，她在心理咨询中表达了最近自己的工作压力很大，感觉自己的工作表现不如以前了，领导也不太满意；还和同事之间有些摩擦，关系变得有些紧张。心理咨询师通过引导反思，帮助小红认识到自己在人际交往中的优点和不足，并鼓励她发挥自己的长处，改进自己的不足。在反思过程中，小红逐渐认识到自己曾经也有做得好的时候，也有自己可以实施的方法，她的内在动力得到了有效激发。

心理咨询师："你好，欢迎来到心理咨询室，我是你的心理咨询师，很高兴能与你一起探索你所关心的问题。在开始之前，我想确认一下，我们今天的主要议题是什么？"

小红："嗯，我来这里主要是因为我觉得自己最近的状态很糟糕，情绪很低落，总是提不起精神来。"

心理咨询师："听起来你最近经历了一些不太愉快的时光。能和我分享一下，具体是什么事情让你感到情绪低落吗？"

小红："嗯，其实主要是工作上的问题。我最近的工作压力很大，感觉自己的工作表现不如以前了，领导也不太满意。然后，我还和同事之间有些摩擦，关系变得有些紧张。"

心理咨询师："工作压力和人际关系的困扰确实会对人的情绪产生很大的影响。那么，你在面对这些问题时，通常是怎么应对的呢？"

小红："不太想去面对这些问题。有时候我会尽量把工作做好，但往往效果并不理想。然后，我也会试图和同事沟通，但每次都感觉不太顺畅，最后就放弃了。"

心理咨询师："虽然不太想去面对，但是你还会尽量把工作做好，也会试图和同事沟通，你是怎么做到的呢？"

小红："没办法呀，总要上班的，我也不想自己那么难受。"

心理咨询师："在你那么多次的尝试和沟通的过程中，有没有哪次感觉还有一点点效果，有过这样的经历吗？"

小红："有过一次，上个月我主动找同办公室的小张聊天，我知道他做过我手头类似的项目，所以我向他询问了一下经验，他还告诉了我一些有用的信息。"

心理咨询师："看来你可以试着更主动地去和同事沟通。那么，仔细回想一下，这次经历中有什么具体的做法是改善你和同事的关系可以借鉴的？你发现这次沟通与其他时候相比，有了哪些不同的做法？"

小红："我想想……这次好像我事先也做了一些准备，没有直接问关于这个项目的问题，还是先聊了一点和他相关的事情。他挺关心孩子学习的，我正好最近看到一本关于学习方法的书，我就把这本书给他，说了说我看这本书的感受，他还挺高兴的。于是，我就谈了项目的事。"

心理咨询师："太好了，在这里我看到，你先尝试关心一下对方可能感兴趣的事情，然后再开启后续的沟通，对于这样的做法，你有怎样的想法？"

小红："听你这么一梳理，我突然发现，这次和同事沟通，我是有求于人，所以做了准备。其他时候，我每次和同事沟通，好像都没怎么关注对方，我想我可以试着先关注一下对方，琢磨一下再沟通。"

心理咨询师："这真是一个好想法，那么在具体落实的时候，你打算怎么做呢？"

三、目标设定与行动规划：实现自我成长

在激活来访者内在动力的基础上，心理咨询师还需要协助来访者设定明确的目标并制定可行的行动规划。通过明确的目标设定，来访者能够清晰地认识到自己想要达到的状态，从而更有动力去实现目标。通过制定具体的行动规划，来访者能够一步步地迈向目标，实现自我成长。

例如，小华在心理咨询中表示想要克服自己的拖延症。心理咨询师引导他设定了具体的目标，如每天按时完成某项任务。接着，心理咨询师与小华一起制定了详细的行动规划，包括具体的时间安排、任务分解和奖惩机制等。通过坚持执行行动规划，小华逐渐克服了拖延症，实现了自我成长。

心理咨询师："小华，你好，很高兴能为你提供帮助。我注意到你提到了拖延症这个问题，你愿意和我分享一下你在这方面的具体困扰吗？"

小华："是的，我一直都有很严重的拖延症，总是无法按时完成事情，这让我非常苦恼。"

心理咨询师："我了解你的困扰。拖延症是一个常见的问题，但是只要我们找到合适的方法，是可以克服的。我们需要设定一个明确的目标，你能告诉我你希望在克服拖延症后获得什么样的效果吗？"

小华："把我每天该做的事情做完，而不是一直拖着不做。"

心理咨询师："非常棒，小华。我们设定的这个目标要既具体又明确，这是克服拖延症的关键。而且为了实现它，我们需要制定一个实际可行的行动规划。首先，让我们一起明确每天的任务清单，把大任务分解成一系列小步骤，这样每个任务都更易管理和完成。在应对拖延症这个方面，你打算从自己现实生活中的哪些事情入手，开始尝试并实现超越？"

小华："是的，我列了一些，比如学习、工作项目和家务。"

心理咨询师："很好，现在让我们为每个任务设定一个预期完成的时间，确保它们既实际又具有挑战性。这样，你就可以看到自己在时间轴上如何分配精力。你习惯用电子工具还是纸质日程表来管理时间？"

小华："我更喜欢用电子工具，这样更方便提醒我。"

心理咨询师："那我们可以设定一个电子日程表，为每个任务分配特定的时间段，并设置提醒。接下来，我们需要考虑如何处理干扰和提高效率。你通常在哪些时间段精力最旺盛，最适合处理重要任务？"

小华："我早上头脑比较清醒，那时候应该处理最难的任务。"

心理咨询师："明智的选择。将重要任务安排在你的高效时间段，这样能提高完成质量。同时，设定短暂的休息时间，比如每工作 25 分钟就休息 5 分钟，这样可以避免疲劳。你是否愿意尝试这种工作模式？"

小华："是的，我会试试看。"

心理咨询师："非常好，小华。我们还应设立一个奖励系统，当你成功按时完成任务时，给自己一些积极的反馈。这可以是开展自己喜欢的活动，或者给予简单的自我肯定。你觉得这个奖励系统如何？"

小华："我觉得这会使我更有动力。"

心理咨询师："那我们就有了一个完整的规划：任务分解、时间管理、高效时段利用、工作休息循环和奖励系统。你准备如何开始实施这个规划呢？"

小华："我会从明天开始，先从建立日程表和尝试新的工作模式开始。"

心理咨询师："很好，小华。我将在你开始的前几天与你保持联系，看看你是否需要进一步的指导。记住，这个过程需要耐心和自我接纳，不要对自己太苛刻。你能做到的，我对你充满信心。"

小华："当然愿意。"

心理咨询师："好的，那我们一起来制定吧。你需要列出每天需要完成的任务，然后根据任务的紧急程度和重要程度来安排完成顺序。你可以把任务分解成小步骤，这样更容易完成。你需要设定一个具体的时间表，包括开始时间和结束时间，这样可以帮助你更好地管理时间。我们需要设立一个奖惩机制，比如按时完成任务后给自己一些奖励，而未完成任务则需要进行自我惩罚。你觉得这个规划怎么样？"

小华："听起来很合理，我愿意试试。"

心理咨询师："很好，我相信你能坚持执行这个规划。记住，克服困难需要时间和耐心，但只要你努力，就一定会取得成功。在实施过程中，如果遇到问题或者需要进一步的帮助，可以来找我。"

小华："谢谢你。"

四、持续支持与鼓励：巩固成果

心理咨询师需要在整个咨询过程中持续给予来访者支持和鼓励。在来访者努力追求目标、实现自我成长的过程中，心理咨询师要及时给予肯定和赞美，以便增强他们的自信心和动力。心理咨询师还要关注来访者的情绪变化和心理需求，提供必要的心理支持和帮助。

心理咨询师（微笑）："非常好！通过我们半个多小时的沟通，你能有这样的积极改变，我真的很为你感到高兴。能否具体说说，你打算如何在实践中应用我们讨论过的策略？"

来访者："比如，我在遇到工作上的困难时，会先冷静下来，分析问题的本质，而不是像以前那样立刻感到焦虑和无助。我会尝试找出可能的解决方案，并主动和同事沟通，寻求帮助。"

心理咨询师："这正是我们所期待的！你能够主动应用积极的应对策略，并且勇于寻求支持，这是非常重要的成长步骤。非常好！"

来访者（微笑，更加自信）："谢谢你的肯定，×老师。其实，我之前从不敢相信自己可以尝试去做这些。但是，每次你给我鼓励和反馈，我就觉得我可以尝试更多，挑战自己。"

心理咨询师："这些都是你自己梳理和设想的行动方案，我相信你会更愿意尝试，更想去实现自己的目标。我相信你会有更多的成长和收获。"

来访者（稍显犹豫）："不过，有时候我还是会有些情绪波动，特别是当我遇到一些突发情况或者不确定的事情时。"

心理咨询师："这完全是正常的，我们肯定都会有情绪波动的时候，关键是要学会如何管理和应对这些情绪，而不是被情绪牵着走了。那如果遇到这样的情况，你能想到的并愿意去尝试的应对方案是什么？打算怎么做呢？"

来访者："我可以尝试用我们之前讨论过的深呼吸和放松技巧来缓解紧张情绪，也可以转身去倒杯水喝。"

心理咨询师："还有呢？"

来访者："想想发脾气的后果吧！"

心理咨询师："还有什么新的想法和做法吗？"

来访者："离开让我发脾气的场合。"

心理咨询师："假设我们能尝试去做上面想到的这些应对方法，你会如何肯定自己呢？"

来访者："我会给自己买个小物件奖励自己。"

心理咨询师："真是个好主意。"

（心理咨询师与来访者的对话继续，伴随着进一步的深入探讨和彼此支持，共同推进来访者的自我成长之旅。）

综上可见，心理咨询师通过倾听与共情、引导反思、目标设定与行动规划以及持续支持与鼓励等手段，有效地激活来访者向上生长的力量。在心理咨询过程中，心理咨询师要始终保持专业、耐心和关爱，为来访者提供一个安全、舒适的环境，帮助他们实现自我成长和突破。

第三节　能力训练

为了激活来访者向上生长的力量，促使改变的发生，心理咨询师可以尝试做的刻意练习又是什么呢？

首要的肯定是深度共情和理解来访者，这方面的训练在前面的章节已经详细介绍过，此处不再赘述。下面将从心理咨询师为促使来访者改变可实施的专业技能方面进行训练。

一、共创解决策略——突破困境

三个人为一组，A 为来访者，B 为心理咨询师，C 为观察员。

来访者阐述生活或工作中的一个困境，心理咨询师可参考下列问句进行对话，也可自选其他适合的问句，陪伴来访者探索突破困境的解决策略。对话时间建议为 20~30 分钟。

观察员记录并观察对话过程，着重发现心理咨询师的提问在形成策略方面的作用。

对话结束后小组进行复盘讨论，分享对话中的精彩之处、可提升之处等。

1. 你如何描述自己现在所面对的这个困境？

2. 你如何应对这个困境？

3. 如果有一天你突破困境了，你的生活会有什么不同？

4. 过去这个困境曾经发生过吗？之前在走出困境方面你有没有什么经验可以借鉴？

5. 目前你遇到的最大的挑战或阻碍是什么？

6. 身边是否有朋友走出过类似的困境，他是怎么做到的？你可以借鉴的经验是什么？

7. 如果你认为自己一定会克服这个困境，打 10 分；相反打 1 分。那么，目前你对于自己走出这个困境的信心大概是几分？说说你打这个分值的理由。如果你想增加 1 分，还需要做些什么？

8. 如果这一困境一时无法突破，你会如何鼓励一直身处困境的自己？

9. 如果这一困境目前无法突破，你又需要什么来帮助自己接受这一事实？

10. 对于目前我们所探索的这些内容，你还有什么新的想法吗？

二、挑战 13 个"还有吗"

三个人为一组，A 为来访者，B 为心理咨询师，C 为观察员。

来访者阐述生活或工作中的一个困境，心理咨询师在探索策略的部分尝试应用"还有吗"这个句式向来访者进行询问，尝试问出 13 个符合"还有吗"的问题。对话时间建议为 20~30 分钟。

观察员记录并观察对话过程，着重记录心理咨询师的提问，并观察"还有吗"这个句式在形成策略方面的作用。

对话结束后小组进行复盘讨论，分享对话中的精彩之处、可提升之处等。

三、促使行动的一小步

在"共创解决策略——突破困境"训练的基础上，继续开展后续对话。依旧是三个人为一组，A 为来访者，B 为心理咨询师，C 为观察员。

在找到突破困境的解决策略的基础上，心理咨询师在对话的后半部分促使来访者将其落实到行动中。对话时间建议不超过 15 分钟。

观察员记录并观察对话过程，着重记录心理咨询师在促使行动一小步方面的提问，并观察促使行动一小步方面提问的应用效果。

对话结束后小组进行复盘讨论，分享对话中的精彩之处、可提升之处等。

第十一章

核心能力训练 9：
咨询过程中心理咨询师的自我觉察与搁置己见

第一节　理论要点

在心理咨询的过程中，心理咨询师的自我觉察与搁置己见是两大至关重要的技能。自我觉察，顾名思义，是指心理咨询师对自己的心理状态、情感反应、认知过程及行为倾向的深刻洞察和理解。自我觉察在心理咨询过程中能够使心理咨询师清晰感知其对咨询关系的影响，帮助心理咨询师更加清晰地认识到自己的情感投射、偏见及局限性，从而避免对来访者产生不良影响。在心理咨询过程中，心理咨询师的自我觉察能力对于建立信任关系、理解来访者和提供专业帮助至关重要。

搁置己见要求心理咨询师能够在尊重来访者的前提下，暂时搁置自己的主观判断、观点、价值观、经验和预设，以更客观、中立的态度，开放地探索和理解来访者的内心世界。来访者会感到更加被尊重和理解。这种平等的咨询关系有助于来访者更自由地表达自己的情感和想法，从而促进心理咨询的顺利进行。这一原则对于确保心理咨询的有效性和公正性具有重要意义。

一、自我觉察的重要性与理论基础

自我觉察作为心理咨询师的一项核心素质，其重要性不言而喻。自我觉察有助于心理咨询师在心理咨询过程中保持头脑清醒和专业边界。在心理咨询过程中，心理咨询师可能会遇到各种情绪挑战，如共情过度、反移情等，避免因个人情绪或价值观而影响心理咨询的效果。自我觉察能够帮助心理咨询师更好地识别和应对自身的反移情和移情现象，从而避免对咨询关系造成负面影响。在心理学领域，自我觉察的理论基础主要来源于人本主义学派和认知行为疗法。人本主义学派强调个体自我实现的重要性，认为心理咨询师通过自我觉察能够更好地理解和支持来访者的成长和自我实现。而认知行为疗法则关注个体的认知过程，通过自我觉察，心理咨询师能够更好地识别和调整自己的认知偏差，从而提高咨询效果。

二、搁置己见的重要性与理论基础

搁置己见是心理咨询师在咨询过程中的另一项关键技能。它要求心理咨询师能够暂时放下自己的主观判断和预设，以开放的态度去倾听和理解来访者的故事。这样做有助于心理咨询师更好地进入来访者的内心世界，建立信任关系，并促进心理咨询目标的实现。搁置己见的理论基础主要来源于建构主义和多元文化心理学。建构主义心理学认为，人的心理世界是在个体与环境的互动中建构起来的。因此，心理咨询师在咨询过程中需要保持开放的态度，尊重来访者的主观体验，而不是将自己的主观判断强加于来访者。多元文化心理学则强调尊重和接纳不同文化背景下的个体差异，要求心理咨询师在咨询过程中能够搁置己见，以更加包容和理解的态度去面对来访者。

三、自我觉察与搁置己见在心理咨询中的融合运用

在心理咨询实践中，自我觉察与搁置己见并不是孤立的两个概念，而是相互融合、相互支持的。自我觉察有助于心理咨询师更好地实现搁置己见。通过深入了解自己的内心世界和情绪反应，心理咨询师可以更清楚地认识到自己的主观性和偏见，从而更容易地将其搁置一旁。搁置己见也有助于心理咨询师

保持自我觉察。当心理咨询师能够暂时放下自己的见解和偏见时，他们会更容易觉察到自己的情绪反应和认知偏差，从而及时调整自己的状态。

　　自我觉察与搁置己见是心理咨询过程中不可或缺的两个要素。它们不仅有助于心理咨询师保持专业性和客观性，还能提高心理咨询的有效性和公正性。因此，心理咨询师应该不断提升自我觉察能力，并在心理咨询过程中积极实践搁置己见的原则。只有这样，心理咨询师才能为来访者提供更高质量的心理咨询服务。

第二节　咨询应用

　　在心理咨询的复杂而微妙的过程中，心理咨询师的自我觉察和搁置己见扮演着至关重要的角色。它们不仅是心理咨询师专业素养的体现，更是确保心理咨询效果的关键因素。因此心理咨询师在实际心理咨询过程中要培养自我觉察的能力，并关注其在心理咨询过程中所发挥出的积极作用。

一、自我觉察：心理咨询师的内省与成长

1. 情感投射的觉察

　　情感投射是指心理咨询师将自己的情感、态度和价值观无意识地投射到来访者身上。例如，心理咨询师可能因为自己的童年经历而对某种行为产生强烈的情感反应，从而在心理咨询过程中不自觉地将来访者的某些行为解读为与自己经历相似的情境。通过自我觉察，心理咨询师可以及时发现并纠正这种投射现象，确保心理咨询的客观性和公正性。

　　例如，心理咨询师正在接待一位来访者，来访者因为长期感到孤独和不被理解而寻求帮助。在心理咨询过程中，心理咨询师发现来访者经常提到自己在人际交往中的困难，以及他如何努力尝试与他人建立联系但总是失败的经历。随着心理咨询的深入，心理咨询师逐渐感受到一种熟悉的不安和挫败感。

尽管这种情绪并非直接来自来访者的叙述，但心理咨询师发现自己在潜意识中将来访者的孤独感投射到了自己身上，仿佛自己也正经历着同样的困境。这种投射可能源于心理咨询师内心深处的孤独感或对人际交往的焦虑，这些情感在听到来访者的叙述后被触发。

2. 偏见的觉察

偏见是指心理咨询师在心理咨询过程中可能存在的对来访者的刻板印象或先入为主的观念。这些偏见可能源于心理咨询师的个人经历、文化背景或社会价值观。自我觉察能够帮助心理咨询师认识到这些偏见的存在，从而避免在心理咨询过程中做出错误的判断或给出不恰当的建议。

例如，心理咨询师接待了一位女性来访者。来访者是一位年轻的女性，她因为焦虑和抑郁情绪而寻求帮助。在初次咨询中，来访者讲述了自己在职场上遭遇的性别歧视和职场压力，以及这些经历如何影响了她的心理健康。然而，在心理咨询过程中，心理咨询师发现自己对来访者的叙述产生了一种微妙的偏见。心理咨询师内心深处似乎有一个声音在质疑来访者的陈述，认为她可能过于敏感或夸大了自己的遭遇。这种偏见可能源于心理咨询师自身的性别刻板印象或对职场环境的某些先入为主的观念。

心理咨询师的自我觉察过程包括：

（1）意识到偏见的存在　在心理咨询进行到某个阶段时，心理咨询师突然意识到自己对来访者的态度似乎有些不同寻常。心理咨询师开始反思自己为何会对来访者的叙述产生质疑，而不是无条件地倾听和理解。

（2）深入探究偏见的来源　为了找出偏见的根源，心理咨询师进行了深入的自我反思。心理咨询师回顾了自己的职业经历、个人信仰以及对社会问题的看法。在这个过程中，心理咨询师意识到自己对性别歧视问题的理解可能受到了某些传统观念的影响，这些观念让他在无意识中对来访者的叙述产生了偏见。

（3）评估偏见对心理咨询的影响　心理咨询师认识到自己的偏见可能会阻碍他与来访者建立信任关系，从而影响心理咨询效果。如果继续持有这种偏见，心理咨询师可能会忽略来访者真正的感受和需求，无法为来访者提供有效的帮助。

（4）调整态度和行为 为了消除偏见，心理咨询师决定调整自己的态度和行为。心理咨询师努力放下先入为主的观念，以更加开放和接纳的心态去倾听来访者的叙述。心理咨询师尝试从来访者的角度去理解来访者的处境和感受，并表达出对来访者的支持和理解。

（5）寻求反馈和支持 为了确保心理咨询师能够持续克服偏见并提供高质量的心理咨询服务，心理咨询师还决定寻求督导的反馈和支持。

（6）持续自我觉察 心理咨询师意识到自我觉察是一个长期的过程。在以后的心理咨询工作中需要更加关注自己的情感反应和思维模式，以便及时发现并纠正任何潜在的偏见。

3. 局限性的觉察

每个心理咨询师都有自己的专业领域和擅长的领域，同时也受到一定的局限。自我觉察能够帮助心理咨询师认识到自己的局限性，并在必要时寻求其他专业人士的协助，从而确保心理咨询效果的最大化。

二、搁置己见：心理咨询师的中立态度与尊重并接纳来访者的主观体验

搁置己见是指心理咨询师在心理咨询过程中暂时放下自己的主观判断和观点，以开放、接纳的态度倾听来访者的叙述和感受。这是建立良好咨询关系、促进来访者自我探索和自我成长的重要前提。

1. 倾听技巧

搁置己见要求心理咨询师具备良好的倾听技巧。在心理咨询过程中，心理咨询师需要全身心地倾听来访者的叙述，关注其情感表达和思维过程。通过积极倾听，心理咨询师可以更好地理解来访者的主观体验，为后续的心理咨询

工作奠定基础。

2. 保持中立态度

中立态度要求心理咨询师在心理咨询过程中不带有个人情感色彩和价值判断，以客观、理性的态度对待来访者的问题和困惑。通过搁置己见，心理咨询师可以避免将自己的主观意识强加给来访者，从而尊重来访者的独特性和差异性。

3. 尊重来访者的选择

每个来访者都有自己的价值观和生活方式，他们有权根据自己的需求和意愿做出选择。心理咨询师需要尊重来访者的个人经历、信念和价值观，即使与自己的观点存在差异。心理咨询师需要接纳来访者的情感表达，避免对其进行评判或指责。这种尊重与接纳的态度有助于营造一个安全、信任的环境，让来访者能够放心地表达自己的内心世界。心理咨询师在心理咨询过程中应尊重来访者的选择，不强迫他们接受自己的观点或建议。通过搁置己见，心理咨询师可以给予来访者足够的自由和空间，让他们在自己的节奏下逐渐成长和改变。

4. 促进自我觉察

搁置己见还有助于促进来访者的自我觉察。当心理咨询师不再强加自己的观点时，来访者可以更加自由地表达自己的感受和想法，从而更加深入地了解自己的内心世界。这种自我觉察的过程对于来访者的成长和发展具有重要意义。

心理咨询师的自我觉察与搁置己见在心理咨询过程中具有不可或缺的作用。它们不仅能够提高心理咨询的专业性和有效性，还能够促进心理咨询师和来访者建立良好的关系。因此，心理咨询师应不断提升自己的专业素养和自我意识，以便更好地服务于来访者的成长和发展。

第三节 能力训练

自我觉察与搁置己见并非一蹴而就的技能，需要心理咨询师在实践中不断练习和提升。以下是一些能力训练的方式和建议：

一、情感共鸣识别训练

情感共鸣识别训练对于提升心理咨询师的情感素养、增强人际交往能力和促进社会和谐具有重要意义。通过训练，心理咨询师可以更加敏锐地感知和理解他人的情感状态，进而产生相应的情感共鸣。心理咨询初期，心理咨询师需敏锐地识别自己是否对来访者的情感产生了共鸣。这种共鸣是理解的基础，但也可能掩盖了心理咨询的专业界限。当心理咨询师感受到与来访者相似的情绪体验时，心理咨询师应立即启动自我觉察机制，识别这是否为真实的情感共鸣，还是个人情感的投射。

1. 情感识别训练

（1）图片与视频展示　利用图片、视频等视觉材料展示不同的面部表情、身体语言和情感场景，让心理咨询师观察和识别其中所表达的情感。这种方法可以直观地展示情感的外在表现，帮助心理咨询师快速掌握情感识别的技巧。

（2）情感词汇学习　相关的情感词汇可使心理咨询师能够用准确的语言描述所感受到的情感。这有助于加深心理咨询师对情感的理解和记忆。

2. 情感模拟训练

（1）角色扮演　让心理咨询师扮演不同的角色，体验不同情境下的情感反应。通过角色扮演，心理咨询师可以更加深入地理解他人在特定情境下的情感状态。

（2）情感故事分享　让心理咨询师分享自己或他人的情感故事，引导其深入思考和理解其中的情感变化。这种方法可以激发心理咨询师的情感共鸣，增强其情感体验能力。

3. 情感共鸣练习

（1）共鸣对话　在与他人交流时，鼓励心理咨询师尝试从对方的角度思考问题，感受对方的情感状态，并表达出相应的共鸣。这有助于心理咨询师建立更加深入和融洽的人际关系。

（2）共鸣写作　心理咨询师通过写作的方式记录自己的情感体验和对他人情感的感受，进一步加深对情感共鸣的理解。写作可以帮助心理咨询师梳理自己的情感思绪，提高情感表达能力。

二、自我经历关联反思训练

一旦意识到可能的情感投射，心理咨询师就需深入反思自己的个人经历是否与当前咨询情境产生了不当的关联。通过内省，心理咨询师应努力区分个人故事与来访者的实际情况，避免将自己的情感、观念或未解决的冲突带入心理咨询，影响心理咨询的客观性和有效性。

三、界限意识检查训练

保持清晰的界限意识是心理咨询师专业素养的体现。在情感投射发生时，心理咨询师应立即检查自己是否越过了心理咨询的专业界限，如过度分享个人经历、过早给出建议或判断等。通过强化界限意识，心理咨询师可确保心理咨询过程始终聚焦于来访者的需求和成长。

1. 案例分析与讨论

通过分析具体的心理咨询案例，心理咨询师可以深入了解自己在心理咨询过程中可能存在的界限意识问题。心理咨询师可以与同事或督导一起讨论这些案例，共同探讨如何更好地保持界限意识。

2.角色扮演与模拟

角色扮演和模拟练习是提升界限意识的有效方法。接受训练的心理咨询师可以扮演来访者或心理咨询师的角色，在模拟的心理咨询环境中进行实践。这有助于他们更直观地感受和理解界限意识的重要性，并在实践中不断调整和提升自己的界限意识。

四、专业中立维护

维护专业中立是心理咨询过程中的核心原则之一。在面对情感投射时，心理咨询师需坚定地保持中立态度，避免让个人情感左右咨询进程。通过运用专业知识和技能，以客观、中立的方式回应来访者的情感表达，促进其自我探索和成长。

五、移情现象评估训练

移情是心理咨询中常见的现象，指的是来访者将过去生活中的情感、态度或期望转移到心理咨询师身上。心理咨询师需具备识别并评估移情现象的能力，区分哪些是来访者的真实情感表达，哪些是移情的表现。同时，心理咨询师要以适当的方式处理移情，引导来访者回到自身的心理探索中。

1.情境模拟法

心理咨询师在模拟情境中扮演不同的角色，体验移情现象的发生和发展过程。通过模拟情境中的互动和反馈，心理咨询师可提高识别移情现象的能力并学习应对策略。

2.案例分析法

选取实际咨询案例进行分析和讨论，引导心理咨询师深入理解移情现象的本质和影响。案例分析中的问题探讨和解决方案的制定，可培养心理咨询师的批判性思维和问题解决能力。

3.角色扮演法

心理咨询师分组进行角色扮演练习，模拟咨询过程中的移情现象及应对策略。通过角色扮演中的互动和反馈，心理咨询师可以更好地理解和掌握移情现象的评估和处理方法。

4.自我反思法

鼓励心理咨询师在训练过程中进行自我反思和总结，分析自己在移情现象评估中的优点和不足。通过自我反思法提升心理咨询师的自我认知能力和改进动力。

六、情绪管理策略

情感投射可能引发心理咨询师自身的情绪波动。为了保持心理咨询的稳定性和有效性，心理咨询师需掌握有效的情绪管理策略，如深呼吸、正念冥想、寻求同事支持等。心理咨询师通过合理的情绪调节，确保自己在心理咨询过程中保持冷静、专注和共情。

七、督导与自我反馈

参与定期的督导和进行自我反馈是提升心理咨询师自我觉察能力的重要途径。在督导过程中，心理咨询师可以分享自己在咨询中遇到的挑战和困惑，接受资深同行的指导和建议。同时，通过自我反思和记录咨询过程，不断总结经验教训，深化对自我和咨询过程的理解。

总之，心理咨询过程中的情感投射要求心理咨询师具备高度的自我觉察能力。通过识别情感共鸣、反思自我经历关联、检查界限意识、维护专业中立、评估移情现象、管理个人情绪、接受督导与自我反馈等方面的努力，心理咨询师可以更加有效地应对情感投射的挑战，为来访者提供更加专业、有效的心理支持。

第十二章

核心能力训练 10：
将多种心理学派自我融合后的应用

第一节　理论要点

　　自弗洛伊德的精神分析学派诞生以来，心理咨询领域便涌现出众多学派。这些学派各有特色，相互间既有竞争也有合作。然而，随着时间的推移，人们逐渐认识到，任何单一的心理学派都无法完全解决所有心理问题。因此，心理学派的融合成为心理咨询师们的共同追求。在心理咨询师的工作中，如何有效地将多种心理学派自我融合并应用于实际心理咨询过程中，已成为一个值得深入探讨的课题。随着心理咨询理论和实践的不断发展，各种心理学派之间不再是相互排斥的关系，它们的差异逐渐缩小，逐渐呈现出相互借鉴、融合的趋势。这种融合不仅有助于心理咨询师更好地理解和应对来访者的心理问题，还能促进心理咨询技术不断创新和完善，而它们的融合则成为推动心理咨询实践进一步深化的重要动力。通过融合不同心理学派的理论和方法，心理咨询师可以更加全面地了解来访者的心理需求，制定更具针对性的心理咨询方案，从而提高心理咨询效果。

　　在当前的心理咨询实践中，越来越多的心理咨询师开始尝试将不同心理学派的理论和技术进行融合，以形成更具包容性和灵活性的咨询方法。例如，认知行为疗法就是整合了行为疗法和认知疗法的产物，它既强调改变不良行为模式，又注重调整不合理的认知结构。还有将精神分析、人本主义、系统式家庭疗法等多种学派融为一体的综合疗法，以便满足不同来访者的需求。

新手心理咨询师在成长过程中不能只学习一种心理学派的理论。而且在心理咨询实践中，心理咨询师也会根据来访者的个性特点，在采用主要的心理咨询方法的同时，融合其他学派的心理咨询技法。大多数的心理咨询师在心理咨询中，都有可能采用多种心理咨询方法和技术的融合。所以，在心理咨询实践中，整合式的心理咨询师大有人在。

一、理论层面的融合

心理咨询领域的多个学派在理论层面的融合是一个持续发展的过程，这体现了心理学理论的不断进步和适应性。

1. 融合的背景与动因

来访者的心理困扰往往涉及多个层面和因素，单一学派的理论和技术可能难以全面应对。因此，各心理学派理论的融合成为满足复杂性需求的重要途径。而且，心理咨询师在实践中不断探索和学习，逐渐认识到不同心理学派之间的互补性，从而倾向于融合多种心理理论和技术以提高心理咨询的效果。

2. 主要心理学派的融合趋势

精神分析学派从传统的权威式咨询关系转向彼此相互影响的模式，强调以来访者为中心的共情。这与人本主义学派的某些理念相呼应，如罗杰斯的以人为中心的疗法。而且精神分析开始关注潜意识中的冲突和欲望，并尝试通过解析和意识化来促进来访者的心理成长，这与人本主义学派对来访者内在潜能和自我实现的关注有相通之处。

人本主义学派强调来访者的自我实现、自我价值和潜能，以及心理咨询师与来访者之间的支持性、理解和接纳关系。人本主义学派与正念技术相结合，强调内外一致、无条件积极关注和共情，这些元素也在其他学派中得到体现和应用。

认知行为疗法关注思维、情绪和行为之间的相互关系，强调通过改变思维模式来改善情绪和行为。认知行为疗法逐渐吸收正念技术，形成基于正念的第三浪潮。这种融合不仅增强了认知行为疗法的效果，还促进了与其他学派的相互理解和借鉴。

3. 融合的实践与挑战

心理咨询师在实践中根据来访者的具体情况和需求，灵活运用不同心理学派的理论和技术，形成个性化的治疗方案。融合不同心理学派的理论和技术需要心理咨询师具备深厚的专业功底和广泛的知识储备。此外，不同心理学派之间的哲学观和人性观有时存在矛盾或差异，这要求心理咨询师在融合过程中保持开放和灵活的态度，不断学习和探索。

多个心理学派在理论层面的融合是一个复杂而动态的过程，它体现了心理学理论的多样性和互补性。随着实践和研究的不断深入，这种融合趋势将继续发展并推动心理咨询领域进步和创新。

二、技术层面的融合

多个心理学派在心理咨询技术层面的融合是当前心理咨询领域的一个显著趋势。在技术层面，心理咨询师可以根据来访者的具体问题和需求，灵活运用不同心理学派的技术和方法。

以下是一些常见的融合方式和示例：

1. 认知行为疗法与正念技术的融合

认知行为疗法强调识别和改变不良的思维模式和行为习惯。正念技术则注重当下的觉察和接纳，帮助来访者减少对负面思维的过度关注和评判。例如，在治疗焦虑症时，心理咨询师可能先使用认知行为疗法的技术帮助来访者识别导致焦虑的自动思维，然后引入正念练习，让来访者在焦虑情绪出现时，以正念的方式观察和接纳身体的感受，而不被焦虑的思维所牵引。

2. 精神分析学派与人本主义学派技术的融合

精神分析学派通过自由联想、释梦等技术探索潜意识中的冲突。人本主义学派则强调提供无条件积极关注、共情理解的氛围。在心理咨询中，心理咨询师可能在倾听来访者倾诉时，运用人本主义学派的态度建立信任关系，同时敏锐地捕捉来访者潜意识中的线索，进行适当的精神分析式的解释和引导。

3. 系统式家庭疗法与个体治疗技术的融合

系统式家庭疗法关注家庭成员之间的互动模式和关系。个体治疗注重个体的内心体验和个人成长。比如，对于一个因家庭问题导致抑郁的来访者，心理咨询师可能先通过系统式家庭疗法调整来访者家庭关系中的不良模式，同时结合个体治疗帮助来访者处理自身的情绪和认知问题。

4. 艺术治疗与其他心理学派技术的融合

艺术治疗通过绘画、音乐、舞蹈等艺术形式帮助来访者表达和探索内心。艺术治疗可以与认知行为疗法结合，让来访者通过艺术创作来呈现和改变负面的认知；也可以与人本主义结合，心理咨询师在欣赏和解读艺术作品时，充分体现对来访者的尊重和理解。

5. 叙事治疗与焦点解决短期治疗的融合

叙事治疗帮助来访者重新讲述自己的故事，发现其中被忽视的积极部分。焦点解决短期治疗聚焦于寻找解决问题的方法和资源。心理咨询师可能引导来访者讲述自己的经历，从中挖掘成功的经验和积极事件（叙事治疗），然后将重点转向如何利用这些资源解决当前的问题（焦点解决短期治疗）。

总之，各心理学派在技术层面的融合旨在综合不同方法的优势，为来访者提供更全面、有效的帮助，以便满足不同来访者的多样化需求。通过融合不同心理学派的技术，心理咨询师可以更好地应对各种复杂的心理问题。

三、心理学派融合应用的核心

融合多种心理学派并非易事。心理咨询师需要掌握各种心理学派的理论知识和技术方法，这需要投入大量的时间和精力进行学习和实践。融合过程中需要避免简单地将各种心理学派拼凑在一起，而是要深入理解其背后的哲学观和人性观，以便确保融合的有效性和科学性。心理咨询师还需要不断反思和调整自己的融合应用方式，以便适应不断变化的心理咨询需求和场景。在心理学派的融合应用中，有几个核心要素值得关注：

1."理性"和"感性"的平衡

心理咨询师需要在理性和感性之间找到恰当的平衡点，既要能够共情来访者的感受，又要能够理性地分析和解决问题。这需要心理咨询师在咨询过程中始终保持觉察，觉察来访者的状态，觉察心理咨询师自我内在的分析和评估，这种平衡有助于建立信任关系，在保持理性思考的同时，又能呈现感性的温度，提高心理咨询效果。

2."技术"和"关系"的结合

在心理咨询过程中，技术是手段，关系是基础。高质量的关系本身具有治愈能力，而技术则能够帮助心理咨询师更有效地解决问题。因此，心理咨询师在运用各种技术的同时，还要注重与来访者建立稳固的心理咨询关系。

3."个人选择"与"专业精致"的统一

心理咨询师在有限的时间内通过学习各种心理咨询学派的知识后，最终还要选择与个体特质相符合的一些心理学派和心理咨询方法进行自我融合，而不是搞大杂烩。对于自我选择后的心理学派和心理咨询方法，心理咨询师要精耕细作，追求专业精致，使其在心理咨询过程中更加游刃有余。然而，在个人成长过程中，更为重要的就是将专业与自我的融合，只有经过自我实践和体验过的专业内涵，才更容易在心理咨询实践中自然呈现出来，而不是模仿出来。

第二节　咨询应用

记得在刚刚开始心理咨询时，我会比较困惑，到底应该用哪个心理学派进行实战？来访者往往不按心理咨询师的咨询理念或设定的咨询流程来互动，他们会随心所欲地根据自己的感受和状态进行心理咨询。往往这个时候，对于新手心理咨询师来说就是挑战。新手心理咨询师会本能地把自己以往学会的、知道的、当下能想起来的一些心理学派和心理咨询方法随机应用到心理咨询过程中。这并不是将多种心理学派和心理咨询方法自我融合后的应用，而是不成熟的心理咨询师的堆砌式心理咨询。

在具体的心理咨询实践中，心理咨询师可以通过以下方式来实现心理学派的整合应用。

1. 心理学理论基础与技能储备

心理咨询师应系统学习并深入理解各种基础的心理学派和心理咨询方法的理论基础。初步建议学习以下学派：

（1）人本主义学派

代表人物：卡尔·罗杰斯。

核心内容：强调个体的自我实现和自我发展，认为每个人都具有内在的自我价值和潜能。关注来访者的主观体验、自我意识和自我价值，鼓励来访者追求自我实现和成长。

择选理由：人本主义学派认为心理咨询师应提供一个安全、支持和无偏见的环境，鼓励来访者自由表达，通过倾听、理解和支持帮助来访者认识和解决问题，促进来访者成长和发展，帮助来访者发展出真实的自我，并发现自己的潜能。这是心理咨询的核心基础。

（2）认知行为疗法

代表人物：阿伦·贝克（Aaron Beck）。

核心内容：关注来访者的思维、情绪和行为之间的相互关系。认为来访者的心理问题和困扰往往源于错误、负面或不适应的思维模式和行为模式。

择选理由：认知行为疗法注重通过改变来访者的思维模式来影响他们的情绪和行为反应。心理咨询师会与来访者合作，识别和纠正来访者的负面和错误的思维模式，以及不适应的行为模式。在心理咨询中，心理咨询师注重来访者的思维重建和行为改变，帮助来访者建立更加积极、合理和具有适应性的思维模式和行为模式。认知行为疗法的效果在多个方面得到了广泛认可，特别是在治疗抑郁、焦虑、强迫症以及改善睡眠质量等方面。

1）改善抑郁情绪

核心机制：认知行为疗法通过改变不良的思维模式，帮助来访者识别并挑战消极的自动思维，从而改善抑郁症状。心理咨询师会与来访者一起工作，识别消极的自动思维，并逐步引导其用积极的思维替代，从而减轻抑郁症状。

效果评估：认知行为疗法作为抑郁症的首选治疗方法，尤其适用于病情较轻、对药物不敏感或有很强副作用的来访者。该方法通过认知重建，让来访者学习如何以更积极、现实的思维看待问题，从而减少抑郁情绪的产生。

2）缓解焦虑症状

核心机制：认知行为疗法通过暴露疗法和认知重建，帮助来访者应对和管理焦虑症状。来访者在安全的环境下逐步暴露于引发焦虑的情境，并通过认知重建来改变对这些情境的看法，从而降低焦虑水平。

效果评估：认知行为疗法在缓解焦虑症状方面效果显著，尤其适用于各种焦虑障碍，如广泛性焦虑障碍、社交焦虑障碍等。通过逐步升级的暴露任务，来访者逐渐适应并减少焦虑反应，从而改善焦虑症状。

3）治疗强迫症

核心机制：认知行为疗法通过暴露反应预防（ERP）和认知重建，帮助来访者减少强迫行为和强迫思维。来访者逐步暴露于引发强迫行为的情境，并在不进行强迫行为的情况下体验焦虑，从而逐渐降低对强迫行为的依赖。

效果评估：认知行为疗法在治疗强迫症方面具有较高的效率，通过暴露任务和认知重建，帮助来访者改变对强迫行为的认知和行为模式，从而减轻强迫症状。

4）改善睡眠质量

核心机制：认知行为疗法针对失眠症，通过改变对睡眠的负面认知和不良睡眠习惯，帮助来访者改善睡眠质量。通过睡眠限制、刺激控制和认知重建，来访者学习如何建立健康的睡眠习惯和正确的睡眠认知。

效果评估：认知行为疗法在治疗失眠方面具有显著效果，其短期疗效与药物治疗相当，而长期疗效则优于服用安眠药物。认知行为疗法在改善睡眠质量方面可达到 80% 的有效率，并且具有不反弹、无副作用等优点。

5）提高应对压力的能力

核心机制：认知行为疗法通过教导应对策略和问题解决技巧，帮助来访者提高应对压力的能力。通过认知重建和行为改变，来访者学习如何在压力情境下保持冷静，找到解决问题的方法。

效果评估：认知行为疗法在提高来访者应对压力能力方面具有积极作用，帮助来访者在面对压力时能够保持冷静和理智，减少压力对身心健康的负面影响。

（3）完形心理疗法

代表人物：弗雷德里克·皮尔斯（Frederick Perts）。

核心内容：完形心理疗法又称格式塔心理学，该心理学理论强调心理现象的整体性和完形性，认为整体不等于部分之和，整体的性质存在于整体之中，而非其各个部分。完形心理疗法深受现象学和存在主义哲学的影响。现象学强调个体的主观体验，认为每个人的感受和认知都是独特的；存在主义则关注个体的自由意志和自我实现，认为人们有能力通过自己的选择和行动来塑造生活。

择选理由：完形心理疗法主要通过提高来访者对当下发生事实的意识和知觉，帮助来访者建构意义和目的。空椅子技术是完形心理疗法中著名的方法之一。心理咨询师在房间中放置一把空椅子，邀请来访者想象一个重要但未解决的关系或冲突对象坐在椅子上，并通过与这个"对象"对话来表达未尽的情感和想法。角色扮演技术是让来访者在安全的环境中探索不同身份和行为，通过扮演特定的角色或与自己内心的不同部分对话，以便更清晰地理解和体验自己的内在冲突，并尝试新的应对方式。完形心理疗法广泛应用于处理情感问题（如焦虑、抑郁、愤怒）、改善人际关系、解决与他人之间的冲突、提升自我认知和实现自我发展等方面。通过增强自我觉察和情感表达，来访者能够更好地理解和管理自己的情感状态，从而改善心理健康。此外，完形心理疗法在创伤干预中也有重要应用，能够有效地减轻创伤带来的心理困扰，促进心理恢复。

（4）焦点解决短期治疗

代表人物：史蒂夫·德·沙泽尔（Steve De Shazer）和因苏·金·伯格（Insoo Kim Berg），这对夫妇在美国威斯康星州密尔沃基市创办了短期家庭治疗中心（Brief Family Therapy Center，BFTC）。

核心内容：焦点解决短期治疗认为来访者都是健康的，并且有能力为自己的问题找出解决方案。心理咨询师的任务是引导来访者看到自己的能力和优势，帮助他们认识到同一事件的不同层面。焦点解决短期治疗强调问题并非独立的客观事实，而是通过与来访者的交谈逐渐呈现出来的。心理咨询师会引导来访者探索问题不发生的例外情况，从而找到解决问题的线索和方法。焦点解决短期治疗认为许多问题的因果关系很难确定，问题往往是互动下的产物，与其耗费时间去寻找原因，不如直指目标，尽快寻找解决之道。

择选理由：现代社会生活节奏加快，人们压力普遍较大，对心理咨询的需求量增加，同时时间成本比较高，这使短期咨询应运而生。焦点解决短期治疗以"短期"为特点，能够在有限的时间内达到显著的心理咨询效果。它能够在较短的时间内（如4~9次干预）帮助来访者解决问题，改善心理状态。这种效率不仅体现在心理咨询周期上，还体现在来访者自我改变的速度和深度上。来访者往往能够迅速看到积极的变化，增强自信和动力。而且，焦点解决短期治疗能够帮助来访者控制情绪，减少焦虑、抑郁等负面情绪。它通过引导来访者关注自身的能力和资源，激发其积极面对问题的勇气和信心。同时，焦点解决短期治疗还能够改善来访者的行为模式，使其更加适应现实生活。例如，在社交退缩、网络成瘾等问题的干预中，焦点解决短期治疗能够显著减少不良行为，提升生活适应能力。更为重要的是，焦点解决短期治疗强调来访者的自我能力和资源，通过挖掘和强化这些积极因素，帮助来访者增强自我效能感。这种增强的自我效能感能够使来访者更加自信地面对未来的挑战和困难。焦点解决短期治疗注重培养来访者的应对能力，使其在面对问题时能够找到有效的解决方案，从而减少无助感和依赖感。

（5）精神分析学派

代表人物：精神分析学派作为心理学领域中的重要分支，其发展历程中涌现出了众多杰出的代表人物。

西格蒙德·弗洛伊德（Sigmund Freud，1856—1939）无疑是精神分析学派的奠基人。他通过多年的临床实践，提出了潜意识理论、人格结构理论和心理防御机制等核心观点，为精神分析学说奠定了坚实的基础。弗洛伊德的著作如《梦的解析》等，不仅极大地推动了心理学的发展，更对后世产生了深远的影响。

卡尔·古斯塔夫·荣格（Carl Gustav Jung，1875—1961）是分析心理学的创始人，他进一步扩展了精神分析的理论框架。荣格提出了集体无意识、原型等概念，并强调个人心理与集体文化之间的关联，为精神分析学注入了新的活力。

阿尔弗雷德·阿德勒（Alfred Adler，1870—1937）是个体心理学的创立者。他反对弗洛伊德的本我驱动论，认为人的行为更多地受到社会因素和个人追求优越感的影响。阿德勒的理论强调个体在社会中的位置及其对自我价值的追求，为精神分析学提供了另一种视角。

安娜·弗洛伊德（Anna Freud，1895—1982）是西格蒙德·弗洛伊德的女儿，她致力于将精神分析理论应用于儿童心理学领域。安娜·弗洛伊德提出了自我心理学的概念，并强调儿童在成长过程中自我概念的形成和发展，为精神分析学在儿童心理治疗领域的应用奠定了基础。

精神分析学派还包括了如梅兰妮·克莱因（Melanie Klein）、威尔弗雷德·比昂（Wilfred Bion）、唐纳德·温尼科特（Donald Winnicott）、海因茨·科胡特（Heinz Kohut）、斯蒂芬·米切尔（Stephen Michell）和欧文·亚隆（Irvin Yalom）等众多杰出的代表人物。他们各自在精神分析的不同领域做出了重要的贡献，共同推动了精神分析学派的发展和繁荣。

核心内容：精神分析学派主要包括潜意识理论、人格结构理论和心理防御机制三个方面。

1）潜意识理论。潜意识理论是精神分析学派的核心理论之一。弗洛伊德认为，人类的大部分心理活动和经验并不是自己意识到的，而是存在于潜意识中。潜意识包括原始欲望、冲动、记忆和感受等，这些元素因为社会压力、自我形象或个人恐惧等原因被压抑或埋藏。然而，这些潜意识中的元素仍然会影响人类的行为和决策。

2）人格结构理论。精神分析学派的人格结构理论由本我、自我和超我三个部分组成。本我代表了我们的原始欲望和冲动，它按照快乐原则行事；自我是我们人格中更现实和理性的部分，它负责调节本我和超我之间的冲突；超我则代表了我们内在的道德和价值观，它对我们的行为进行监督和约束。这三个部分在我们的生活中相互作用，形成我们独特的人格。

3）心理防御机制。心理防御机制是精神分析学派的另一个重要理论。当我们面临威胁、恐惧或不安时，我们的心理会自然地运用一系列防御机制来保护自己。这些防御机制包括否认、投射、内射、退化、隔离、反向形成、合理化等。虽然这些机制可以暂时减轻我们的痛苦和不安，但长期使用可能会导致心理问题和冲突。

择选理由：精神分析学派的主要功效在于帮助人们深入了解自己的内心世界，揭示潜意识中的冲突和矛盾，从而解决心理问题。通过精神分析治疗，人们可以更好地理解自己的行为和情感反应背后的原因，提高自我认知和自我控制能力。精神分析学派还有助于人们增强自信心和自尊心，改善人际关系和社会适应能力。

2. 个案评估与诊断

在接个案初期，心理咨询师应尽可能全面评估来访者的心理状态、问题类型、个人背景等信息，以便为后续的心理咨询方案的制定提供依据。不同来访者的问题背景、性格特点、需求等方面都存在着差异，因此，心理咨询师需要针对具体情况选择合适的心理学派和心理咨询方法。例如，对于焦虑或抑郁等情绪问题，认知行为疗法可能更加适用；而对于人际关系或家庭问题，系统式家庭疗法或人本主义学派可能更为合适；对于逻辑思维非常严谨的来访者，即道理上都懂的来访者，可以尝试涉及潜意识领域的疗法，如艺术治疗、OH卡、系统排列等。但在心理咨询实践中，心理咨询师不能单纯地应用某个心理学派的疗法，要充分感受到来访者在心理咨询过程中的变化和当下所处的状态，本着有利于来访者成长与突破的原则，结合其他心理学派的技术。此时，心理咨询师是带有觉知的，并且经过自我内心评估后做出选择。一般来讲，心理咨询师往往会应用自己最擅长的心理学派和心理咨询方法先开始工作。

3. 技术融合与策略制定

在心理咨询过程中，心理咨询师应善于发现并利用不同心理学派技术之间的互补性，根据实际情况灵活运用多种心理学派的理论和技术。例如，在运用认知行为疗法时，心理咨询师可以借鉴精神分析学派的人格理论来理解来访者的行为模式；在运用人本主义学派时，心理咨询师可以运用系统式家庭疗法的观点来看待来访者的家庭关系。

在一次心理咨询中，我用 OH 卡牌给一个高中女生做关于人际关系主题的探索。在看到来访者纠结于自己和几方人员的关系状态后，我便想到了可以结合系统排列的方式。我运用系统排列的原理，使用 OH 卡牌来做角色代表，通过 OH 卡牌之间的位置关系呈现出来访者在多方人际关系中的状态。在我邀请来访者把代表相关角色的 OH 卡牌移动到适合的位置，结合系统排列中的提问和对话后，来访者当下就很清晰地看到她和朋友之间目前处于怎样的关系状态和问题的卡点，使来访者找到了自己困惑背后的真正原因。最后，我结合 OH 卡牌中的图案，再结合投射技术进行资源探索，也就寻找到了适合来访者的应对策略。

记得还有一个来访者，她之前做过一个沙盘个案，但是这个沙盘在其心中属于未完结事件，一直不能放下。由于不再是同一个沙盘现场，考虑到现场的条件不可能完全还原她当时的沙盘内容，所以我陪伴这个来访者进行了一次意象沙盘，也就是结合意象疗法，运用意象对话技术，对来访者的未完成沙盘进行后续的探讨和疗愈治疗。

这些多种疗法的融合，均是根据来访者当时的特例情况进行创造式的融合，非事先设定式的融合。所以说这种技术融合的灵活运用就显得尤为重要。当然这也要基于心理咨询师的实战经验，在当下能够选择适用于来访者的其他技术，融合进来。这种选择是经过心理咨询师内在思考之后做出的，非当下的简单拼凑。

4.心理咨询过程中的灵活调整

在心理咨询过程中，心理咨询师需要定期对咨询效果进行评估和反馈，以便及时调整心理咨询策略和方法。心理咨询师还要鼓励来访者提供反馈意见，以便了解咨询方案的实施效果。根据反馈意见，心理咨询师可以进一步调整咨询方案，从而更好地满足来访者的需求。通过不断的实践和总结，心理咨询师可以逐渐形成一套适合自己的技术融合与应用方案，并在未来的心理咨询工作中不断完善和优化。

5.持续学习与反思

心理咨询领域不断发展变化，新的理论和技术不断涌现。心理咨询师应保持持续学习的状态，关注领域内的最新动态和研究成果，以便将新知识、新技术应用于心理咨询实践中。在心理咨询实践中，心理咨询师应定期对自己的工作进行反思和总结。分析案例成功和失败的原因和经验教训，以便在未来的心理咨询实践中更好地避免类似问题并提升心理咨询效果。

通过以上方式，心理咨询师可以在具体的心理咨询实践中实现心理学派和心理咨询方法的融合与应用，为来访者提供更加全面、有效的心理咨询服务。

第三节　能力训练

一、刻意练习

心理咨询是一种技能，也是一种能力，技术和能力的提升就离不开刻意练习过程。要想将多种心理学派和心理咨询方法融合后灵活运用，需要心理咨询师进行大量的专项刻意练习。刻意练习不同于练习，刻意练习需要心理咨询师面对自己的局限性，聚焦于自己期待提升之处。探寻真实的自己和心理咨询的细节，这未必是自己喜欢并享受的过程，因为这会带来自我挑战。如要实施刻意练习，我建议从以下几个维度进行：

第一，在征求来访者同意的情况下，对心理咨询过程进行录音或录像。

第二，仔细回听或回看这些心理咨询过程的录音或录像，将其整理成逐字稿，尽可能保留原始状态。

第三，对心理咨询过程进行微观分析，找出自己需要提升和改进的部分。

第四，也可以将此内容同督导或同辈研讨，倾听更多维度的回应和分析。

第五，静下心来，独自细细地、真实地、毫无保留地进行自我反思和觉察，收获属于自己的咨询感悟，明晰并确定自己需要提升或改进的内容。

第六，按照上面的步骤，多次、反复练习。

二、心理咨询师自我成长的必经之路——自我情绪的深度内观训练

自我情绪的深度内观是心理咨询师提升共情能力和自我成长中非常重要

的一项练习，心理咨询师对自我情绪的内观越细腻、越深邃，对来访者的共情就越细致、越深入。这里大家会注意到我用的词语有些不同。对心理咨询师自我方面使用的是"细腻"和"深邃"，对来访者使用的是"细致"和"深入"，这有什么差异呢？

"细腻"和"细致"这两个词常常被人们混用，甚至认为它们可以互相替代。它们都能作为形容词，都有"精细"的意思。然而，尽管这两个词语在某些语境下可以互换，但它们在此处应用的含义和使用场景却有着细微的差异。

根据《现代汉语词典》的解释，"细腻"是指质地细密、光滑，或者感情细腻、思维细腻；而"细致"则指的是做事认真仔细，一丝不苟。从这个角度看，"细腻"更多的是用来形容物质的特性，或者是人的感情和思维的特性；而"细致"则是形容人的行为方式和态度。

无论是"细腻"还是"细致"，都有一个共同的特点，那就是都需要细心和耐心。一个人如果粗心大意，就不可能做好细腻或细致的工作。此外，这两个词都有一种对细节的追求，都强调对细节的重视和处理。

尽管有这些相同点，但在心理咨询师提升共情能力和自我成长中，"细腻"和"细致"还是有其独特的含义和用法的。一般来说，"细腻"更多的是心理咨询师对自我情绪的观察，带有切实的感受，知晓自我情绪变化的细节和过程，从而对自我内在品质有了更为精细的觉察和理解，可以做到完全知晓；而"细致"则代表心理咨询师对来访者外在呈现出的信息和行为进行观察、感悟和推测，做不到完全切实地感受，不能做到完全知晓。

"深邃"和"深入"也是如此。"深邃"通常指的是某种事物内在的深度，它关联着复杂性、丰富性和不可轻易透视的特质。"深入"则是指对某一领域或议题进行彻底的研究和分析。它强调的是探索过程的深度，即不断挖掘直至触及核心。显然，"深邃"和"深入"都与"深"有关，但它们的侧重点有所不同。"深邃"更多地与内在质量有关，它着眼于已经形成并展现出来的深刻性质。"深邃"可能带有一定的主观色彩和个人印记，因为它往往与个体的思维习惯、经验积累和认知能力密切相关。而"深入"则是动态的过程，它描述的是为了达到深刻的理解而进行的钻研行为。与"深邃"相比，"深入"则更加客观，它可以通过具体的行动和可衡量的成果来体现。

所以，在共情能力训练和自我成长方面，心理咨询师先有细腻的自我内观，才可能呈现出对来访者细致的共情；心理咨询师先有深邃的自我探究，才可能呈现出对来访者深入的理解。那么，心理咨询师要如何开展自我情绪的内观训练呢？

第一步：对人际交流和生活情景引发的情绪感受警觉。

第二步：迅速识别自己的情绪。

第三步：探究是生活情景中的什么引发了这些情绪？为什么这个要点能引发这些情绪？此情景下，我的内在需要是什么？

第四步：将自己探索出的答案均改成疑问句，继续进行深入探索。看看你可以回答出多少个这样的问题。

第五步：此刻，你对此情景引发某种情绪的原因已经非常明确了，并且也生成了属于自我的内观智慧。可以暂时停在这里了。

第六步：在人际交流和生活情景再次引发某种情绪时，反复上述步骤，不断内观，持续生成自我内观的智慧。

如能将此训练反复进行，那么情绪就不太可能会干扰到你，当然，你自然而然就会成为一个情绪稳定的人。而且，生活中引发情绪的事件，都将成为你自我提升的机遇。

第十三章

心理咨询实战个案的微观解析

每一个心理咨询个案都是一个不可复制的过程，这与来访者、心理咨询师当下的状态有关，也与当时的情景相关，每个心理咨询都可能是心理咨询师在那个当下能做的工作的真实呈现。可能真的不存在完美的心理咨询，但一定存在心理咨询师尽心尽力的心理咨询。

通过心理咨询实战个案的微观解析，我们可以清晰地看到心理咨询师的工作脉络及其背后的假设，以及心理技术的运用。心理咨询对话中的精彩部分和可提升的内容均可以让我们产生反思和觉察，希望对新手咨询师的成长有所帮助。

案例简介：来访者，女性，42岁，本科学历，企业职工，已婚。

咨询话题：探讨人际关系问题。

咨询形式：腾讯会议（征得来访者书面同意后进行录制和案例解析分享）。

咨询时长：66分钟。

心理咨询师："你好，今天晚上你特别想探讨的是什么话题？"

（解析：心理咨询师开场便聚焦本次咨询话题，运用"话题"这种中性的表达，避免使用"问题"此类负性词汇表达。）

来访者："我总有一种孤独感，好像没有一个人能特别理解我，所以想聊聊人际关系的话题，但这不代表我的人际关系特别差。"

心理咨询师："虽然认识的人很多，但好像真的能够理解你，特别懂你的人很少，所以觉得有点孤独。今天你希望通过咨询收获些什么？"

（解析：此处，心理咨询师运用了内容反应和情感反映技术。心理咨询师共情来访者所探讨的人际关系中的孤独感，并探寻来访者本次咨询的目标和期待。）

来访者："我想要怎么改变自己，让自己可以更好地去亲近别人。我特别渴望让别人来关爱我，然而一旦处于这种情境，我似乎又有些想要逃避的念头，不知道为什么。"

心理咨询师："一旦别人想走近你，你就有一点想逃的感觉。"

（解析：心理咨询师运用内容反应技术，呈现出来访者所探讨的人际关系中的既渴望别人走近又想逃离的状态，促进来访者再次觉察自己的状态。）

来访者："对，我不能接受别人对我特别好。"

心理咨询师："当别人对你好时，你能感受到什么？"

（解析：心理咨询师运用澄清技术，探讨对于来访者而言"别人对我好"的含义。）

来访者："我或许是因为感受到了一种负担，这种负担源自我不能对他人所给予我的做出相应回报。我担忧自己的回应无法匹配他们的付出，从而在内心深处产生了一种压力与不安。"

心理咨询师："不能给予回报。"

（解析：心理咨询师重复来访者表达中的关键词"不能给予回报"，引发来访者思考为何会有这种情况。）

来访者："我和朋友之间相处，往往只是接受，很少付出。他们需要我帮助的时候，我都会回避。"

心理咨询师："回避。你怎么看待自己的回避？你会选择回避，一定有你选择回避的理由。"

（解析：心理咨询师重复来访者表达中的关键词"回避"，引发来访者思考自己如何看待这种情况，并且相信来访者这样的行为背后一定有其自己的理由，引导来访者进行深入探索。）

来访者："因为这样做会很轻松，我不用做那么多、想那么多事情。"

心理咨询师："轻松，还有什么？"

（解析：心理咨询师在来访者探索信息后，继续引发来访者进行思考。）

来访者："我想我是不是有社交方面的一些问题？是不是把关系想得太复杂了？"

心理咨询师："你认为你将关系想得过于复杂，那么具体是哪些方面显得复杂了？"

（解析：心理咨询师对来访者表达中的关键词"复杂"进行澄清，引发来访者思考"复杂"这种情况存在的原因。）

来访者："在我的内心深处，我并未将他们视为自己不可或缺的挚友。"

心理咨询师："听起来感觉好像你对朋友是有要求或有标准的，好像这样的人还不是你心中那种真正的朋友。"

（解析：心理咨询师在共情来访者的基础上，对于前面的咨询过程，结合自己的感受进行小结。）

来访者："我觉得你最后那句话是对的，我没有把他们当作我精神上可以交流的那种朋友。我的孤独感好像就来自我与周围的朋友存在理念上的差异，仅能共同娱乐，却难以触及内心深处的真正想法。"

心理咨询师："听起来你真的愿意走近自己的朋友，当然不是那种表面上可以一起吃吃喝喝的朋友。你好像更需要在精神上、理念上可以交流的朋友，也就是知音。"

（解析：心理咨询师在继续共情来访者，对来访者所期待的朋友状态进行回应。）

来访者："对，是知音。"

心理咨询师："好像只有这样，你才愿意走得更近。"

来访者："若是知音，则交往自会轻松愉快，无须顾虑赠送礼物之事，仅需精神层面的交流与共鸣即可。"

心理咨询师："我们之间的理解，超越了表面上的礼尚往来，是心灵深处的相互领悟与默契。"

（解析：心理咨询师在继续共情来访者，对来访者所期待的朋友状态进行回应。）

来访者："对。"

心理咨询师："这是你所期望的，关于这一点，我们已经有了更为清晰的认识。"

（解析：心理咨询师在澄清后确定这些是来访者所期待的。）

来访者："这样好像很难，好像太理想化了。"

心理咨询师："太理想化了！当你说出有点理想化时，你好像又有一些新的想法产生了。"

（解析：心理咨询师捕捉到来访者表达中的关键词"太理想化了"，敏锐地觉察到了来访者有一些新的想法产生了，并邀请来访者对所期待的朋友状态进行回应。）

来访者："迄今为止，我尚未遇见与我心意相通之人。在日常生活中，我仅能借助阅读书籍或聆听师长们的授课来丰富自我。我深感与师长们的思想产生了强烈的共鸣，认为他们所传授的知识与我的见解不谋而合，然而，师长们却与我相隔甚远。至于我周遭的朋友，当我尝试与他们分享这些想法时，无人能与我深入探讨，他们往往以'你的想法过于理想化，难以实现'为由，对我的观点持否定态度。"

心理咨询师："我们刚才探讨了你所感受到的孤独感以及你对知音的渴望。然而，你又认为寻求一个能深入交流、理解深刻的知音朋友过于理想化。那么，在这一个小时的谈话中，你特别希望明确或深入探究的是什么问题？"

（解析：心理咨询师总结了来访者前面所谈的内容，运用焦点解决短期治疗的结果问句去探寻来访者此次咨询的目标是什么。）

来访者： "我特别想要探究的是如何能让我自己放下。"

心理咨询师： "放下。放下会有什么不同？"

（解析：心理咨询师陪伴来访者进一步梳理目标，此处运用了差异问句去澄清对于来访者而言"放下"有怎样的内涵。）

来访者： "就是接受这种孤独，臣服于事实！"

心理咨询师： "放下，接受，臣服。假设这些你都能做到，那时你会是什么样子？那个样子的你，是你想要的吗？"

（解析：心理咨询师提炼来访者表达中的关键词，并运用假设问句，邀请来访者畅想实现目标后的自己是什么样子，进一步核实来访者内心真正的期待和目标。）

来访者： "好像也不是我想要的样子。"

心理咨询师： "那你想要的到底是什么？"

（解析：心理咨询师进一步核实来访者内心真正的期待和目标。）

来访者： "我想要的……价值观能被人理解，我想要身边有这样的人能理解我。"

心理咨询师： "想要身边有这样的人能理解你，你具体想探究的是什么？"

（解析：心理咨询师进一步陪伴来访者梳理内心真正的期待和目标。）

来访者： "我更想探究的是我为什么这么想要一个知音。"

心理咨询师： "为什么这么想要这样的知音。你从小到大，在你认识的所有人里面，是不是有人能够让你有这样的体会？"

（解析：心理咨询师在来访者过去的经历中寻找例外的资源，看看来访者是否有过这样的感受。）

来访者： "在小学时期，我有一位挚友，我们常通过书信往来，我深感这种交流方式尤为美妙。在信中，我们畅所欲言，分享着彼此的心事，这种交流虽带有一定的距离感，却又异常亲密。如今，我似乎又寻觅到了类似的感受，即与老师交谈时，老师全神贯注地倾听我的话语，让我感受到了一种被重视与理解的温暖，仿佛又回到了那段书信往来的美好时光。"

心理咨询师："你最希望他人听到什么，最想让他人了解什么？"

（解析：心理咨询师澄清来访者内心真正期待的内容是什么。）

来访者："关注我、认可我吧！"

心理咨询师："关注，认可。关注什么？认可什么？"

（解析：心理咨询师提炼来访者表达中的关键词，并澄清来访者内心真正期待的内容是什么。）

来访者："认真听我说话。在家里，我在母亲面前说话往往能够引起她的重视，但自从我步入婚姻后，我的爱人却常常不愿倾听我的意见。他总是持否定态度，指出我的观点有误，认为我过于单纯，思想不够成熟，甚至告诫我不能持有那样的想法。迄今为止，我未曾得到过他的认可。"

心理咨询师："没有被他认可，他也没有认真听你说过话。"

（解析：心理咨询师共情来访者的感受。）

来访者："没有，他总是说'别说了'。每次他说起一个话题，我特别感兴趣地多说几句的时候，他就会显得不耐烦。"

心理咨询师："你需要一个能够真正懂你的人，内心深处最期盼的是身边最亲近的伴侣能与你心灵相通，但似乎这条路并不顺畅，甚至显得有些渺茫。鉴于他不太可能做出这样的调整与改变，你因此不禁期盼，是否会有那么一个人能够真正懂你。"

（解析：心理咨询师继续共情来访者的感受和内心的需要。）

来访者："可能有一点！"

心理咨询师："孤独感在什么时候或者什么情境下容易出现？"

（解析：心理咨询师引导来访者觉察孤独感会在什么情境下出现。）

来访者："跟老公发生一些争执之后，晚上躺在床上睡觉的时候，我常常会沉思这个问题。面对一个始终未能完全理解你的人，他要陪你到老，你要怎么办？"

心理咨询师："关于孤独感，你最为期望丈夫能给予何种协助？若他知晓你今日为这个话题认真讨论了一个小时，他可能会如何看待，并且会采取何种措施以助你一臂之力？"

（解析：心理咨询师运用关系问句，从丈夫的视角，看看可否引发来访者有更多的觉察与发现，探索其可能存在的资源。丈夫的不理解使来访者的内在需要无法被满足，因此在咨询中，来访者聊着聊着还会回到这个话题。）

来访者："他会说我有病。我上次做咨询的时候，他说我有病，没事找事！"

心理咨询师："当你听到他这么说，你的感受是什么？"

（解析：心理咨询师澄清来访者的感受。）

来访者："我感受到他不理解我，所以我才要做心理咨询。否则，他会觉得我没问题，但是我疏解不了自己心里难受的感觉。"

心理咨询师："通过之前的咨询，你在孤独感及与配偶之间的关系方面有何收获或领悟？"

（解析：心理咨询师探索之前的咨询过程中可能存在的资源。）

来访者："主动跟他去沟通，主动表达。"

心理咨询师："尝试去做了吗？效果怎样？"

（解析：心理咨询师继续寻找资源，了解具体的细节。）

来访者："效果挺好的。我感觉自己也是一阵一阵的。我有时候渴望与他亲近，便会主动拥抱他并表达情感。然而，他可能会用不耐烦的态度让我离开。我深知他的性格便是如此，因此我尽量克制自己，做我认为正确的事情。虽然我能理解他内心的真实想法可能并非如此抗拒，但他的外在表现却让我难以释怀。尽管我试图理解他，但内心仍不免感到一丝痛苦。"

心理咨询师："你理解到他什么了？你怎么去理解他？"

（解析：心理咨询师继续陪伴来访者进行资源探索。）

来访者："他就是不会表达，他的行为模式就是通过攻击你、指责你来掩饰他的自卑。"

心理咨询师："攻击你、指责你是为了掩饰他的自卑。"

（解析：心理咨询师重复来访者表达中的关键词。）

来访者："由于他频繁地打击我，并对我所做的事情持否定态度，我后来开始学习心理学。我意识到，一个内心真正自信的人，如同我这样的，通常能更容易地察觉并赞赏他人的优点。尽管我与他结婚多年，我始终未曾指出过他任何不足之处，即便是在他表现不佳时，我也能从中发现值得肯定的地方。然而，他却从未给予过我任何正面的评价，未曾提及我身上的任何优点，这让我认为他内心深处其实是极度自卑的。"

心理咨询师："在你的阐述中，我领悟到你能深刻洞察他的所有情感，明白他对你的否定实则源于他内心深处的自卑感。相比之下，你的伴侣似乎尚未意识到这一点，他可能仍在竭力提升自我，甚至在某些时刻，因观念不合而显得对你有所不满，试图通过表现自己的优越性来平衡心态。然而，你却已站在更高的层次上，以更为成熟和宽广的视角去理解他，这体现出了你与他之间在认知上的显著差异。"

（解析：心理咨询师共情来访者的感受，肯定来访者已经获得的进步，这些均是来访者自身的资源。）

来访者："心理上我仍难以接受，但随后便放弃了这种执念，认为他在这个年纪已难以改变。"

心理咨询师："你放弃要求他进行改变，那么你内心真正接受的是什么？既然选择了放弃，我相信你定有自己的考量与接受之处。还是，你其实并未真正接受，只是在压抑自己的情感？"

（解析：心理咨询师共情来访者的状态，同时也表示对来访者当前状态的关心和在意，因此询问来访者是否在压抑自己。）

来访者："还是有点压抑。"

心理咨询师："有点压抑。咱俩现在聊了差不多半个小时了，我想把咱们刚刚聊的一些内容先回应给你。你再看看我们从哪个维度、哪个方向去探讨今晚的话题？"

（解析：心理咨询师梳理、总结来访者之前所谈及的内容和呈现之前的咨询过程，促使来访者明确自己的咨询脉络，从而引发来访者的反思与觉察。）

来访者： "嗯。"

心理咨询师： "我觉得今晚出现了很多信息，已经呈现了特别多的东西，有时候我们的心理就如同被一层一层的面纱包裹住，其实最真实、最核心的层面有很多的遮挡，我们已经一层一层地打开了很多。回溯今晚的起始，我们聚焦于人际关系，特别是与人交往时内心的孤独感。当他人试图靠近你，你却不由自主地想要逃避，内心深处更渴望能有一位倾听者，真正理解并认同你的信念，成为你的知音。然而，随着讨论的深入，你意识到这样的要求或许过于理想化。尽管你具备一定的心理学知识，能够自我开导，甚至在某些时候劝说自己接纳伴侣的忽视与不解，但你深知他无法轻易改变。回顾我们的探索，似乎始终难以解开与伴侣之间的遗憾、无奈与委屈，这些情感如同卡点，让我们无法摆脱内心的孤独感。我听起来是这样的脉络。我不知道你听我这样梳理，此时此刻，对于你今晚想谈的话题，更清晰的一点是什么？"

（解析：心理咨询师梳理、总结来访者之前所谈及的内容和呈现之前的咨询过程，促使来访者明确自己的咨询脉络，从而引发来访者的反思与觉察。）

来访者： "我发现老师听得很认真，总结得很具体。我觉得更清晰的一点是我对老公有期望，想从他身上得到那种我理想中的爱人的感觉吧！在面临困境时，我们能够携手应对；在沟通时，我们能够顺畅无阻；在处理事务时，我们能够心平气和地商讨，而非轻率地拒绝或逃避。我内心充满了接纳与期待，因为人生尚长，未来几十年若持续如此，实难预料。"

心理咨询师： "那你现在想一下，你对丈夫最期待的是什么？或者你最希望他能够看到和了解的是什么？你也知道，你现在只是单纯地要求他改变，好像这个要求比较难，他也做不到。在他没有改变的时候，你更想让他听懂和明白什么？"

（解析：心理咨询师陪伴来访者在自我反思与觉察后，探索其内心真正的期待和需求是什么。）

来访者： "我希望他每天回来跟我打个招呼，或者抱一下我也可以；就是嘴上不会说，行动上也可以。我需主动表达，近来我又不自觉地陷入了防御的状态。然而，当我尝试以更积极的态度面对时，情况似乎已有所好转。"

心理咨询师："防御是一种保护，是一种让自己不再继续受伤的保护。同时，你也发现自己变得积极一点，情况会有一点点改变。"

（解析：心理咨询师共情并肯定来访者的防御是必要的，并重新建构了防御，促使其认识到防御是一种保护，可以保护自己不再受伤。同时，也肯定来访者做法中有效部分的存在并有切实的效果呈现。）

来访者："我刚才在说的时候，我发现自己有一个很大的问题。当他对我展现善意与关怀时，我未能给予相应的回馈。回顾与老公多年的婚姻生活，他无疑在诸多时刻给予了我关爱，譬如他精心准备了一桌佳肴，或是于我们结婚纪念日之际策划了一场惊喜派对。现在，我发现面对这些温馨的场景，我往往没有什么反馈，总是很平静，没有表现出惊喜的感觉。我的反应有点冷漠，不知道为什么。"

（解析：当来访者的表述被充分倾听和理解后，来访者也开始进入了自我觉察和反思的状态。）

心理咨询师："你明明很喜欢他给你做的这些事情，但是你总是表现得很冷漠，像外人一样在看这些事情。"

（解析：心理咨询师共情来访者的感受。）

来访者："是很冷漠，像外人一样。可能我过于冷漠，没有对他的这些表现给予反馈，让他觉得做这些都没有意义。我觉得是我的一些行为，让他没有看到我对他的认可和感激。但我又不知道自己为什么会这样，我为什么没有对他做的这些给予开心的反馈。"

心理咨询师："可能他的那种表达方式不是你所期待的。"

（解析：心理咨询师共情并肯定来访者的冷漠有其背后的理由，同时，也肯定来访者的期待是合理的。）

来访者："嗯。"

心理咨询师："可能你让他去猜想符合你期待的那种方式，他会觉得实在猜不透，不知道该怎么办。但是你要真教他，却可能因他的不理解或笨拙而愈发恼怒。"

（解析：心理咨询师继续用共情呈现来访者的丈夫可能存在的想法和感受，引发来访者进行反思与觉察。）

来访者："是的。"

心理咨询师："你教他，可能就没有那个味道了。在情感上，像你刚刚谈的还是很细腻的。可能在他的维度里，他根本看不见这些。听我这么说你能想到点什么？"

（解析：心理咨询师继续用共情呈现来访者的丈夫可能存在的想法和感受，引发来访者进行反思与觉察。心理咨询师将自己理解到的来访者的状态进行了呈现，这样的做法有一定的风险：如果理解到位，来访者会如上所示给予肯定回应；如果有偏差，来访者会觉得心理咨询师还不够了解她。此时，心理咨询师也可以邀请来访者多表达一下，利用即时化技术把来访者拉回到当下，看看来访者是否有新的发现。例如："刚刚你觉察到自己没有对他给你的惊喜表现出很开心，这个觉察很重要，那么此时此刻你有了什么新的想法呢？"）

来访者："他看不到我的需求，还需要我去表达。"

心理咨询师："以他的能力，是看不到的。"

（解析：心理咨询师继续用共情呈现来访者的丈夫可能存在的想法和感受，引发来访者进行反思与觉察。）

来访者："在我表达的时候，往往又会听到他那些话，然后我又回到了那种退缩的模式——我不希望别人不开心，不喜欢勉强别人。"

心理咨询师："表达有太多种了：可能是为了让你明白我的意思的表达，可能是给你提要求的表达，可能是抱怨你没有做到的表达，可能是把你没有看到的那一个面展示给你的表达。你经常习惯的表达是哪类？"

（解析：心理咨询师邀请来访者反思与觉察自己的表达是怎么呈现的。）

来访者："我真的很少表达，我很少让他去帮我做一些事情，我什么事情都是自己一个人做。除非有时候接孩子实在顾不过来，才会问他能不能去接孩子。他大部分时间都会说'我有事情要做，接不了'。我就会问'那你不去怎么办'。有时候他只要那么说，我就会生气。我很少让他参与家里面的事情，时间久了，我不想让他不愿意。"

心理咨询师："不想让他不愿意，这里面好像隐含着一些东西。像接孩子这样的事，他说没时间就不去了。"

（解析：心理咨询师提炼出来访者表达中的关键词，引发来访者继续进行反思与觉察。）

来访者："他很少接过孩子。"

心理咨询师："这比较少见。你不想让他不愿意，你怎么把他的不愿意这么当回事，这么重视他愿意或者不愿意？"

（解析：心理咨询师对于来访者提出的不想让丈夫不愿意这个说法表示好奇，邀请来访者分享其看法和想法。）

来访者："我发现我在工作上也是这样。我不喜欢跟别人合作去做一些事，因为我自己一个人干得又快又好，跟别人一起特别麻烦，还得跟他们描述很多情况。我刚才就发现了，很多时候我都是独自一人。我不能把他人看成很亲密的人，我一直都跟任何人保持着距离。"

心理咨询师："我可以说一句让你有一点点刺痛的话吗？"

（解析：心理咨询师要采用面质的技术，须先做好铺垫，从而引发来访者的好奇心，进入专注的状态。）

来访者："可以。"

心理咨询师："你有没有觉察到，当你自己把这些事都办了，对于别人意味着什么？我不需要你，我不信任你，我觉得你没我做得好，我跟你去解释怎么做很麻烦，还不如我自己办了。可能带给他人的感受是我不需要你，我不信任你，你没我强。"

（解析：心理咨询师分享了在他人眼中的来访者，即来访者的个性特点让对方不适，引发来访者继续进行反思与觉察。）

来访者："有一些。对。我觉得刚才说的朋友不理解我，可能想表达的就是有一个人能陪伴我就好，只要有一个人能听我说话、能理解我就可以了。也并不是说我不把朋友们当作可以信任的人，这都只是想法上的一些东西，因为人在精神上总会有一些空虚的感觉。"

（解析：通过心理咨询师和来访者的逐层剖析，似乎在这里来访者内心真正的期待就是有一个人能听她说话，理解她，陪伴她。）

心理咨询师："你想想，在你的世界里，只有你自己，事情都是你在办，能没有空虚的感觉吗？"

（解析：在多重铺垫后，心理咨询师直接运用了面质技术。此处若心理咨询师能将来访者的真正需求再重复出来，与来访者确定一下，则更能让来访者明确并肯定自己的需求。）

来访者："嗯。"

心理咨询师："盲盒，不稍微透点缝隙，别人是不了解、看不到、搞不清楚的。但是，绝对不需要你百分之百把自己全部敞开。"

（解析：心理咨询师用隐喻的方式，引发来访者进行反思与觉察。）

来访者："嗯。"

心理咨询师："全打开是不安全的，你也做不到。我们可以在盲盒上面加扇门，想开的时候开一会儿，觉得不安全了随时关上。决定权在你！假设你想把这扇门朝你老公尝试开一次，或者尝试开一点点，你会怎么开？你会怎么做？"

（解析：心理咨询师继续使用隐喻的方式，并在表达中加入了来访者可以自己做主的内容，使咨询过程传递出安全和灵活的状态，引发来访者进行反思与觉察。）

来访者："我发现，自己最近有点儿忽视他，都没有注意他在干什么。我也不能总沉浸在自己的世界里，晚上他回来的时候我得跟他聊一聊。最近我每天都不怎么见他，他回来后我也不理他，感觉自己很自在，不想跟他说话。我觉得不能这样。这样做虽然有一点安全感，不会再听到那些伤人的话、难听的话，但总的来说不是一个很好的方法。他回来的时候，我要主动跟他聊聊天。"

心理咨询师："主动和他去说话。特别好！你还打算做点儿什么？"

（解析：心理咨询师在来访者反思的收获中，对提炼出的可行的行动策略进行重复，促使来访者继续进行资源或可行性策略的探索。）

来访者："别的暂时没有。"

心理咨询师："假设你这样去做，他可能会给你一个积极的反馈，也可能还是按照他原来的方式说'别再啰嗦了，我今天很心烦'。面对你老公有变化也好、没变化也好，你自己要做一点准备。你觉得现在的你跟一个小时之前的你，在面对这种情况时会有什么不同？"

（解析：心理咨询师运用差异问句，放缓节奏，陪伴来访者继续探索更多的资源或可行性策略。）

来访者："我觉得心里面更有力量了，不怕受伤的那种感觉了，不会再逃避了。"

心理咨询师："不怕受伤，不会逃避。当听他原来的那种表达时，你在看法上会有什么不一样？"

（解析：心理咨询师在来访者反思的收获中，继续使用差异问句，探索更多的资源或可行性策略。）

来访者："我觉得，我可能太忽视他了，太重视表达自己了，因为我没有很好地去关注他所表达的，他也没有想去关注我表达的。"

心理咨询师："你说到点上了，你没好好听家人说话，还觉得家人没有好好听你说话。每个人都在自说自话。"

（解析：心理咨询师肯定来访者的发现。）

来访者："嗯。"

心理咨询师："我相信你前面说的，你曾尝试过一些方法，可能有的时候效果好，有的时候效果不太好。你也发现了这一点——'我也没好好听他说话'，我觉得这是一个特别关键的转折点。"

（解析：心理咨询师肯定了来访者的发现，对来访者进行积极赋能。）

来访者："确实是。现在想想我确实忽视了他，因为平常忙于照顾孩子，就没有关注他的感受。最近我想把从孩子身上获得的感受转移到他身上，因为要想跟他过一辈子，就需要跟他好好沟通。"

心理咨询师："接下来你想付出什么？你想告诉他什么？你最想跟他表达什么？我们归纳总结一下看看，你特别想让你老公知晓的感受到底是什么？"

（解析：心理咨询师继续陪伴来访者探索可实施、可落地的具体行动策略。）

来访者："以前，我的关注点都在孩子身上，确实太忽视他了，没尽到一个做妻子的责任。在照顾他这点上，自己觉得做得确实很不好。之前我觉得自己很有功劳，现在觉得自己做得确实不太够。我想跟他说，我们以后要过一辈子，两个人要好好说话，一起吃吃饭、逛逛街，要一直到老。然后，和和气气的，身体都健健康康的，孩子也好好的。等我们都老了，可以一起出去旅游。两个人彼此陪伴。"

心理咨询师："这段话一定要告诉他。"

（解析：心理咨询师肯定来访者的行动策略。）

来访者："嗯。"

心理咨询师："你刚刚说的这段话很触动人心。'我是要跟你过一辈子的人！'两个人要幸福到老，好好沟通，互相支持和陪伴，我觉得这些内容的表达很用心。太棒了！像你说的，多关心他一点，多听他一点，告诉他你的想法，你不是在给他提要求，而是真的希望两个人要一直走到老。怎么在走到老的过程中，大家都能更舒服一点，更幸福一点？这不是要求，是一个期待。是你在努力地去调整自己也好，调整你们之间的这种沟通方式也好，总之，你是想好好过一辈子的。这感觉太棒了。那我们聊到这儿。我不知道，通过今天晚上这一个小时的沟通，你觉得让你最触动的、最有收获的，或者你在今天或之后一定会去实践的是什么？"

（解析：心理咨询师赋能来访者的自我感悟，并促使来访者采取行动，切实探讨在今天或者之后一定会去实践的是什么。）

来访者："最有收获的就是我看到了自己做得不好的地方。今天聊着聊着我就发现了，话一定要说出来。我觉得在语言表达方面，我确实需要去改进。因为我太不擅长说话，太不擅长表达了。自己觉得就这样吧，无所谓了，就过去了。这可能已经对家人在心灵上造成了一些伤害，但是我还没有意识到。现在，自己既然已经觉得家人对我造成伤害了，那相应的，可能我也对家人造成过一定的伤害，这是我今天领悟到的。"

心理咨询师："还有吗？领悟到了之后，一定要去调整的是什么？"

（解析：心理咨询师在来访者反思的收获中，继续探索更多的资源或可行性策略。）

来访者："一定要调整。等他今天回来，我先给他一个拥抱。跟他说出我的真实想法——也不知道能不能说出来。或者，我就尽量把我刚才想到的那段话，用微信，以文字的方式表达出来。"

心理咨询师："太棒了，那就去试一试。看看在这个过程中，你们之间的关系会有怎样的变化？一定要放下这样一个执念：我都变了，你得马上变，因为大家的想法不见得是同频的。但是，至少我要先去做自己想做的，只有这样后面才会有一些不一样事情发生。"

（解析：心理咨询师促使来访者行动，同时又通过表达降低来访者内在可能存在的对老公能迅速改变的期待，减少回归现实生活中的挫败感，能继续去实行自己的改变行动。）

来访者："谢谢 × 老师！"

心理咨询师："如有需要我们再联系、再沟通。"

来访者："谢谢你！"

观察者的反思：

1. 在上述对话中，对于心理咨询师对来访者的共情，尤其是对来访者内在的细微感受方面的共情，你有怎样的发现和觉察？关于提升自我共情能力，你打算做些怎样的训练？

2. 对于来访者内心真实期待的梳理过程，你有怎样的感悟？对于良好心理咨询目标的设定，你觉得自己掌握了多少？

3. 对于上述对话过程，你可能与心理咨询师采取的一样的做法是什么？采取的不一样的做法是什么？

4. 在心理咨询师陪伴来访者进行资源探索的过程中，你对于何为资源，以及如何在来访者过往的历程中去探索资源有了怎样的新想法？

5. 关于差异问句的应用，你觉得在对话中发挥了怎样的作用？

6. 你是否在心理咨询中体会过通过来访者的期待或目标，探究到可利用的资源，并促使行动的发生？在上述对话过程中，你有怎样的发现和触动？值得你学习的部分是什么？

7. 假设来访者进行第二次咨询，作为心理咨询师，你一定会做的是什么？一定要避免的是什么？

8. 反思一下，一直以来，有助于自己学习与精进心理咨询技能的有效方法是什么？当你从自己身上观察到什么样的迹象时，你会知道自己正在进步？

参考文献

［1］ 科米尔，纽瑞尔斯，奥斯本.心理咨询师的问诊策略［M］.6 版.张建新，等译.北京：中国轻工业出版社，2009.

［2］ 许维素.建构解决之道：焦点解决短期治疗［M］.宁波：宁波出版社，2013.

［3］ 许维素.尊重与希望：焦点解决短期治疗［M］.宁波：宁波出版社，2018.